新しい電気回路

松澤 昭
Akira Matsuzawa

電気回路 上

A New Approach to Electrical Circuits

講談社

まえがき

　本書は，ディジタル技術全盛時代における「電気回路」のあり方や，教授内容の国際化を踏まえて執筆した教科書である。

　「電気回路」は「電磁気学」とともに大学における電気電子系の基幹科目である。長い伝統があり定評のある教科書も少なくない。しかしながら，従来の「電気回路」の講義で重点的に取り扱うアナログ信号伝送・回路網は，現在ではほとんど使用されなくなっており，その重要性は大きく低下している。一方，スイッチング電源のようにインダクタを用いたエネルギー変換技術は現代の電源の主流になっているが，「電気回路」の講義内でほとんど取り扱っていない。伝送線路を用いる超高速ディジタル信号伝送や5G/6Gで話題になっている無線通信は今後とも発展する技術であり，その基礎に電気回路がある。したがって，時代の変化を意識して，本書で記述する内容を決め，上下巻の二分冊とし全19章の構成とした。

　電気回路においては複素数を多用し，計算式が多く，数学科目の1つのような印象を与えることが多い。計算問題を解くことができることが電気回路を学ぶ中心のような誤解があるが，学習者に計算式をあまり用いない電気現象の説明をお願いすると，かなりの学習者が答えに窮するというのが実体である。

　そこで，記述にあたっては，回路素子である抵抗・容量・インダクタあるいは伝送線の物理モデルがイメージできるように心がけた。各回路素子の物理特性，つまり，電圧・電流特性，電荷や磁束などの保存則，エネルギーの保存と消失，伝送線においては波動のふるまい，電圧・電流の連続，反射や透過などについてである。この回路素子の動作原理が理解できれば，ほとんどの電気現象が説明できる。

　電気回路において必須である複素数や，指数関数と三角関数を結ぶオイラーの公式も，数学ありきで電気回路に適用するのではなく，容量における静電エネルギーとインダクタにおける磁気エネルギーという，保存されるとともに相互変換が可能なエネルギーや，抵抗によるエネルギーの消失から，周期関数である指数関数と三角関数が出現し，エネルギー全体を捉えるために複素空間が必要となることを説明した。

　容量とインダクタは電圧・電流関係が時間微分や時間積分になるので，電気回路の動作記述は微積分方程式になるが，ラプラス変換によりこれを代数方程式にすることができる。これにより出現する「ポール」と「ゼロ」が電圧や電流の応答を決定し，時間的なふるまいだけでなく，周波数特性をも決めている。電気回路の解析や設計においては，複素平面上の「ポール」と「ゼロ」の位置を意識することを繰り返し指摘した。この概念は従来時間応答に対して適用されてきたが，周波数特性の把握にも有用であることも示した。

交流回路においては正弦波の定常応答としてとらえ，正弦波入力後に一定時間経過して定常状態に入れば，従来の$j\omega$を用いた解析が有用なことを示したのちに，従来の交流回路理論を踏襲して記述している。

　さらに，国内のこれまでの電気回路の教科書ではあまり取り扱わなかったアナログフィルタ（下巻第13・14章）について多くのページを割いている。ディジタル全盛の時代でもアナログフィルタは必要であることと，周波数変換を通じて周波数特性の本質や，「ポール」と「ゼロ」の役割を把握する教材としても有効であると考えるからである。またフィルタ特性の合成を取り上げることで，大学教育の弱点である設計への展開を図った。希望する周波数特性を実現するためのいくつかの方法と手順について示している。これにともない，演算増幅回路（下巻第11章）についても基本機能について簡単に述べている。

　分布定数回路は高速信号伝送や無線通信において今後とも重要である。そこで，分布定数回路を高速信号伝送に必要な時間領域の取り扱いと，高周波回路で重要な周波数領域の取り扱いについて章を分け，前者（下巻第17章）はラプラス変換を用い，後者（下巻第18章）は$j\omega$を用いた。時間領域の取り扱いにおいては従来あまり取り扱わなかった多重反射について体系的に記述し，特に反射係数の極性によって波形が大幅に変化することを示した。周波数領域の取り扱いについては分布定数線路を用いた，位置によるインピーダンスの変化だけでなく，反射係数を用いてインピーダンスを有限の円状に表示できるスミスチャートの考え方や，これを用いたインピーダンス整合方法を示すことで高周波回路への橋渡しを行った。

　本書の最後に，従来の電気回路の教科書では取り上げないスイッチング電源（下巻第19章）について，スイッチングによるインダクタを用いたエネルギー変換作用という観点で取り上げた。

　したがって本書では，従来のように交流理論を先に取り扱い，過渡応答を後で取り扱う記述ではなく，回路素子の基本応答，ラプラス変換，過渡応答，交流理論の順序で記述している。交流理論はあくまで定常状態の応答であり，特殊な条件で成り立つものである。電気特性は電圧・電流の時間微分・時間積分が基本である。迷ったらこの基本に立ち返って考えてほしい。

　このような内容は，国内のこれまでの電気回路の教科書からは逸脱しているとみられるかもしれないが，海外では本書のような順序で記述されている教科書が多いため，国際的にはまったく問題はないと考えている。

2021年5月

　　　　　　　　　　　　　　　　　　　　　　　　　　　　松澤　昭

新しい電気回路＜上＞◉目次

新しい電気回路＜下＞　目次

第*1*章

電気回路とは

　これから電気回路を学ぶにあたって，まず電気回路がどのようなものかを見ていく。電気回路は電磁気学から派生した学問であり，電磁気学を応用に即して使いやすくしたものといえよう。マクスウェルの方程式で記述される電磁気学は時間変化と空間変化を取り扱うが，複雑になりすぎないように空間変化を 0 としたものが集中定数回路であり，電気回路の大半はこの集中定数回路を取り扱う。

　信号源は電圧源もしくは電流源であり，素子は抵抗，容量，インダクタの 3 種類で，電圧および電流を評価する。3 つの素子では電圧と電流の関係が異なっており，容量とインダクタはその関係が時間微分もしくは時間積分で表される。そのような電気回路においては電圧もしくは電流の時間応答か周波数特性が求める特性になる。

　空間変化まで取り扱った電気回路は分布定数回路と呼ばれ，信号の伝搬や反射のように時間と距離を同時に取り扱った回路も取り扱う。

　実際の電気回路はダイオードやトランジスタなどの電子デバイスと併せて用いられることが多く，このような回路を電子回路と呼ぶ。電気回路は線形回路であるが電子デバイスを用いると非線形回路になり，そのままでは使用に制限がある。しかし，電子デバイスを小信号の等価回路で近似すると，線形回路となり，電気回路の知識がほぼそのまま適用できる。

　演算増幅器は負帰還回路に用いる電子回路であるが，理想的な増幅器や積分器を実現できるので，電気回路の知識を拡張するために用いられることもある。

　インダクタや容量はエネルギーを蓄積でき，そのエネルギーを介して電圧もしくは電流を制御できるため，インダクタや容量とスイッチ素子を用いて電力変換回路ができる。

　以上が電気回路の概要であるが，どのようなものかざっと見ていこう。

1.1　集中定数回路

集中定数回路とは，素子の大きさおよび素子と素子を接続する配線の長さが信号の波長に比べて十分小さく，電圧および電流が場所依存あるいは距離依存を持たない回路のことである。一般に電気回路といえば，これを指す。

　図 1.1 に，素子として抵抗 R，容量 C，インダクタ L を用いた集中定数回路を示す。

信号源は**電圧源**であり（図1.1では記載していないが電流源の場合もある），素子間は配線で接続されている。出力端に現れる電圧が出力になる。

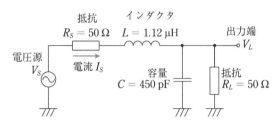

図1.1 集中定数回路

　電気回路の素子としては抵抗 R，容量 C，インダクタ L の3種類しかない。それぞれの素子は，その電圧 V と電流 I の関係が異なっている。

　図1.2は各素子の電圧・電流の関係および**エネルギー**をまとめたものである。抵抗では電圧と電流が単純な比例関係にあるが，容量とインダクタでは電圧と電流が**微分**関係もしくは**積分**関係にある。エネルギーという観点では，容量は電圧の2乗に比例するエネルギー（**静電エネルギー**）を蓄え，インダクタは電流の2乗に比例するエネルギー（**磁気エネルギー**）を蓄える。抵抗はエネルギーを**消費**する。このような素子の性質がさまざまな電気特性を作り出す。

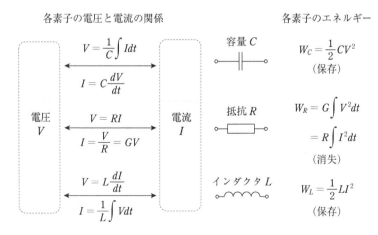

図1.2 各素子の電圧・電流の関係およびエネルギー

1.2　時間応答

時間応答とは回路の電圧や電流の時間的なふるまいのことである。例えば，図1.1の回路に対して，**矩形波**を入力とした信号源電圧 V_S と出力電圧 V_L を図1.3に示す。

入力した矩形波はシャープな立ち上がり，立ち下がりを示すが，回路の出力電圧はゆっくりとした立ち上がり，立ち下がり波形を示す。これは信号の高い周波数成分が減衰しているためである。矩形波を用いた回路評価はよく用いられ，目標電圧や目標電流に対する誤差電圧や誤差電流が評価の対象になる。このような回路の時間応答を求めるためには**微分方程式**を解く必要があるが，**ラプラス変換**を用いることで，より簡易に解くことができる。

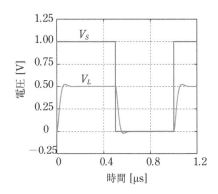

図1.3　**矩形波を入力とした信号源電圧V_Sと出力電圧V_L**

1.3　周波数応答

電気回路では，正弦波に対する定常的な応答が重要な場合が多いが，低い周波数から高い周波数までの出力の振幅や位相の**周波数応答**が重要なこともある。この応答特性を**周波数特性**という。図1.4に，信号周波数f_sが100 kHzと25 MHzの正弦波信号を入力したときの入出力信号波形を示す。

100 kHzの信号では入力電圧の半分の大きさの出力電圧が現れ，波形は時間軸方向にずれていない。これに対し25 MHzの信号では入力電圧の8%程度の大きさの出力電圧が現れ，波形は16 ns程度遅れている。これは信号周期に対し約145°の遅れに相当する。

正弦波に対する応答は，振幅の比率である**利得**と，周期上の位置である**位相**で表す

ことができる。図1.5に電圧利得と位相の周波数特性を示す。電気回路の周波数特性は横軸に周波数の対数を，縦軸に利得および位相をとる。電圧利得 G_V は次式で定義される**デシベル (dB)** で表示される。

$$G_V = 20\log\left|\frac{V_L}{V_S}\right| \tag{1.1}$$

利得は周波数が 10 MHz 以下では半分である，約 -6 dB で一定で，それ以上の周波数では周波数が 1 桁上がる (dec) ごとに 40 dB 減衰していく。位相は 1 MHz 近辺から回転し，周波数が 10 MHz で $-90°$ をとる。100 MHz 程度まで位相回転が生じ，$-180°$ で飽和する。このように，電気回路の性能は主として時間応答と周波数特性で評価される。

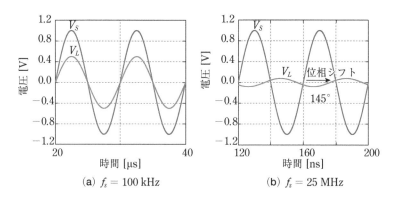

(a) $f_s = 100$ kHz   (b) $f_s = 25$ MHz

図1.4　正弦波信号を入力したときの入出力信号波形

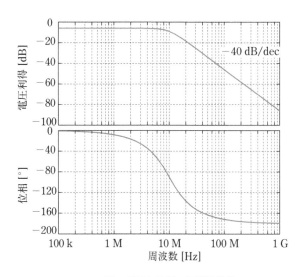

図1.5　電圧利得と位相の周波数特性

1.4　分布定数回路

　図1.6に示す同軸ケーブルなどの伝送線路はインダクタンスと容量が長さ方向に沿って連続的に分布する**分布定数回路**となる。このような回路では，電圧・電流は位置 x の関数となり，信号を波動として取り扱う必要がある。

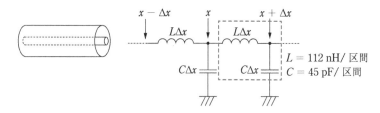

図1.6　同軸ケーブルと微小区間Δxでの等価回路

　図1.7に，単位 LC 回路（図中の破線）を16個縦続接続した擬似的な**伝送線路**上の矩形波の伝搬を示す。単位区間のインダクタンス L は112 nH，容量 C は45 pF である。信号は伝送線路に沿って進行していることがわかる。1区間を伝送する時間 T_p は

5

$$T_p = \sqrt{LC} \tag{1.2}$$

で与えられるので，この場合の値は2.24 ns となる。したがって16区間では約36 ns となり，シミュレーションと一致する。ここでは伝送線路を伝搬する進行波のみを示すが，インピーダンス条件によっては多重反射などにより複雑な特性を示す。回路解析では1次元の波動方程式を解く必要がある。分布定数回路でも時間応答と周波数特性が評価対象になる。

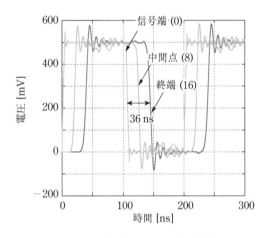

図1.7　伝送線路上の矩形波の伝搬

1.5　電子回路

　電子回路は抵抗，容量，インダクタの受動素子のほかに**ダイオード**や**トランジスタ**などの**電子デバイス**を用いたものである。最も簡単な電子回路の例として，図1.8に示すダイオードを用いた**整流回路**がある。ダイオードは端子間に印加される電圧の極性によって導通か遮断かが決まるため，図のように正弦波の負の電圧では電流が流れない。負荷電圧 V_L は正の電圧ではほぼそのままの電圧が出力されるが，負の電圧では0になる。ダイオードのこのような性質は整流やスイッチングに用いられる。

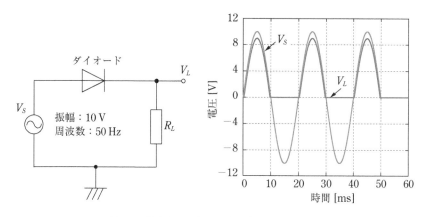

図1.8　ダイオードを用いた整流回路とその特性

　トランジスタを用いると，抵抗，容量，インダクタのみの回路では不可能な**増幅作用**が実現できる。図**1.9**に MOS トランジスタを用いた簡単な増幅回路を示す。入力信号の振幅は 100 mV であるが，出力信号の振幅は 630 mV であり，この回路が 6.3 倍の電圧利得を有することがわかる。

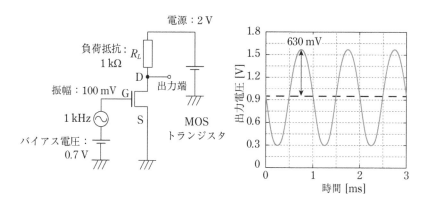

図1.9　**MOS**トランジスタを用いた増幅回路とその特性

　MOS トランジスタやバイポーラトランジスタなどのトランジスタの最も重要な作用が**電圧制御電流源**の実現であり，電圧変化を電流変化に変換する作用により増幅作用やフィルタ作用を実現できる。図**1.10**に MOS トランジスタの小信号に対する電圧・電流特性を電圧制御電流源で近似した**小信号等価回路**を示す。ドレイン電流の変化 i_D

はゲート・ソース間電圧の電圧変化 v_1 に比例し，比例係数を**トランスコンダクタンス** g_m という。**負荷抵抗**を R_L とすると，負荷に発生する電圧変化 v_2 と電圧利得 G_V は以下になる。

$$
\left.
\begin{aligned}
v_2 &= -i_D R_L = -g_m R_L v_1 \\
G_V &= \frac{v_2}{v_1} = -g_m R_L
\end{aligned}
\right\} \tag{1.3}
$$

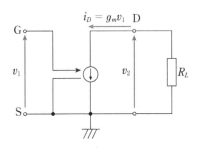

図1.10　電圧制御電流源を用いた小信号等価回路

　本書では，ダイオードやトランジスタを用いた電子回路については直接取り扱わないが，電子回路を図1.10に示す小信号等価回路に変換すれば電気回路の知識を用いて電子回路の諸特性を導出することが可能である。

1.6　演算増幅器

　電子回路において高精度あるいは広帯域な増幅を行うために，図1.11に示すような，出力信号を入力に帰還する**負帰還回路**が用いられる。図において，三角の回路記号は増幅器を表す。出力電圧 V_{out} は

$$
\left.
\begin{aligned}
V_{out} &= A V_i \\
V_i &= V_{in} - F V_{out} \\
\therefore\ V_{out} &= A\left(V_{in} - F V_{out}\right) \\
\therefore\ V_{out} &= \frac{A}{1 + AF} V_{in}
\end{aligned}
\right\} \tag{1.4}
$$

となる。したがって，増幅器の利得 A が十分に大きければ，

$$
V_{out} = \frac{A}{1 + AF} V_{in} \approx \frac{1}{F} V_{in} \tag{1.5}
$$

となり，回路系全体の利得は不安定な増幅器の利得ではなく，安定な減衰器の減衰率 F のみで決定される。したがって，減衰器に抵抗などの安定な素子を用いることで高

精度な増幅器を実現できる。

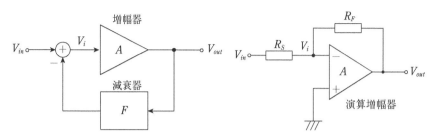

図1.11　負帰還回路　　　　　図1.12　演算増幅器を用いた反転型増幅回路

　演算増幅器はこの負帰還回路に用いる理想的な増幅器であり，電気信号の高利得増幅ができるようになっている。図1.12に演算増幅器を用いた**反転型増幅回路**を示す。抵抗 R_F と R_S が減衰器になり負帰還回路を構成している。この回路では演算増幅器の入力端には電流が流れないとみなせ，抵抗 R_S と R_F のそれぞれの電流は等しいため次の関係が成り立つ。

$$\left.\begin{array}{l} \dfrac{V_{in}-V_i}{R_S}=\dfrac{V_i-V_{out}}{R_F} \\[2mm] V_{out}=-AV_i \end{array}\right\} \tag{1.6}$$

これより，V_i を消去すると，出力電圧 V_{out} は，

$$V_{out}=-\frac{R_F}{R_S+\dfrac{R_S+R_F}{A}}V_{in}\approx-\frac{R_F}{R_S}V_{in} \tag{1.7}$$

となる。したがって，回路系全体の利得は抵抗比で決定される。本書においては演算増幅器を理想的な増幅器として取り扱うことにする。

1.7　電力変換回路

　インダクタや容量はエネルギーを蓄積でき，そのエネルギーを介して電圧・電流を制御できるため，インダクタや容量とスイッチ素子を用いて**電力変換回路**を実現できる。

　図1.13にインダクタを用いた降圧型 **DC-DC 変換回路**を，図1.14に各部の電圧・電流波形を示す。スイッチングパルスの半周期だけスイッチが閉じられ，インダクタには $V_{in}-V_{out}$ が加わる。ここで V_{in} は入力電圧，V_{out} は出力電圧である。この間にインダクタに磁気エネルギーが蓄積される。次の半周期はスイッチが開かれるがインダクタの電流は流れ続けようとし，ダイオード D を通じて接地側から電流が流れる。この

間に磁気エネルギーは減少するが，負荷抵抗 R_L にはほぼ一定の電流が流れ，おおよそ同一の出力電圧を維持する。スイッチがオンしている期間が全体の期間の50%で入力電圧が10 V のときに出力電圧は5 V，出力電流は100 mA，入力電流の平均は50 mA となり，電力変換が行われている。

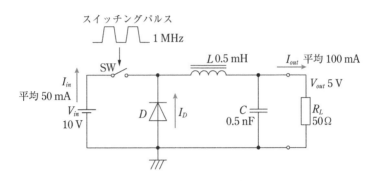

図1.13　降圧型DC-DC変換回路

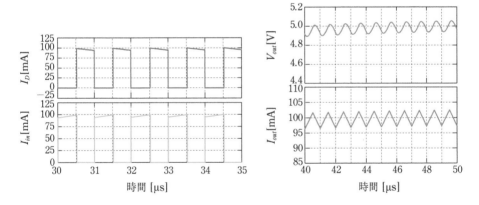

図1.14　各部の電圧・電流波形

このような電力変換は，従来はパワーエレクトロニクスで扱われていたが，電気回路の重要な作用であるので，本書で扱うことにする。

1.8　電荷，電流，電圧

これまで電流や電圧を定義なしで使用してきた。これは高校の物理で習うのでよく知っていると思われるが確認しておこう。

　導体を流れる**電流**は導体の横断面を単位時間あたりに通過する**電荷量**と定義されている。

　時間を Δt [s]，横断面を通過する電荷量を ΔQ [C]（クーロン）とすると，そのときの電流 I [A]（アンペア）は

$$I = \frac{\Delta Q}{\Delta t} \tag{1.8}$$

となる。電流の向きは正電荷の流れる向きと定められている。導体では負の電荷を持つ**電子**が流れる電荷になる。電子1個の電荷量は**電子素量**と呼ばれ，$e = 1.602 \times 10^{-19}$ C で与えられる。

　導体に電流を流すには端子間に電位差があればよく，電位差を電気回路では**電圧**と呼ぶ。電圧 V [V]（ボルト）は，ある電荷量 ΔQ を移動する際に必要なエネルギー ΔW [J]（ジュール）を電荷量 ΔQ で割った量であり，以下で与えられる。

$$V = \frac{\Delta W}{\Delta Q} \tag{1.9}$$

COLUMN	本書で使用する単位の大きさを表す接頭語

[p] ピコ　10^{-12}

[n] ナノ　10^{-9}

[μ] マイクロ　10^{-6}

[m] ミリ　10^{-3}

[k] キロ　10^{3}

[M] メガ　10^{6}

[G] ギガ　10^{9}

[T] テラ　10^{12}

- 集中定数回路：素子の大きさおよび素子と素子を接続する配線の長さが信号の波長に比べて十分小さく，電圧・電流が場所依存を持たない回路。

- 取り扱う回路素子：抵抗，容量，インダクタの３種類で，電圧と電流の関係やエネルギーの種類が異なる。

- 時間応答と周波数応答：
  時間応答：入力にある信号を入れたときの出力の時間的なふるまい。
  周波数応答：入力に正弦波を入れたときの定常的な応答であり，通常，大きさと位相の周波数に対する応答。この応答特性を周波数特性という。

- 分布定数回路：伝送線路はインダクタンスと容量が長さ方向に沿って連続的に分布する回路。電圧・電流は位置の関数となり，信号を波動として取り扱う。

- 電子回路：抵抗，容量，インダクタの受動素子のほかに，ダイオードやトランジスタなどの能動回路素子を用いた回路。

- 演算増幅器：負帰還回路に用いる理想的な増幅器。

- 電力変換回路：インダクタや容量のエネルギーを介して電圧・電流および電力を変換する回路。

- 電流：導体の横断面を単位時間あたりに通過する電荷量。

- 電圧：ある量の電荷を移動する際に必要なエネルギーを電荷量で割った量。

第2章

直流回路と,電気回路の基本的な法則

　電気回路は電圧源と電流源がエネルギー供給の源で,抵抗,容量,インダクタの3つの基本素子から構成され,主として電圧,電流,エネルギーや消費電力が観測および評価の対象となる。このうち容量,インダクタは端子間電圧と流れる電流の関係が時間微分や時間積分になり,特性の導出のために微分積分の知識が必要でありやや複雑である。一方,抵抗は端子間電圧と流れる電流が比例関係にあるので理解しやすい。そこで本章では,まず抵抗のみからなる直流回路を用いて電気回路の基本的な法則を説明する。

2.1　抵抗とオームの法則

　図2.1に示すように,**抵抗** R と端子間電圧 V および流れる電流 I の間には以下の比例関係があり,**オームの法則** (Ohm's law) と呼ばれる。

$$V = RI \tag{2.1}$$

したがって,図2.2のように,電圧 V は流れる電流 I に比例する。ここで電圧 V の単位はV(ボルト),電流の単位はA(アンペア),抵抗の単位は Ω(オーム)である。また,流れる電流 I は端子間電圧 V に比例するとみなすことが可能であるので,

$$I = GV \tag{2.2}$$

の関係がある。ここで G は**コンダクタンス**と呼ばれ,単位はS(ジーメンス)である。したがって,

$$\left.\begin{array}{l} G = \dfrac{1}{R} \\[2mm] R = \dfrac{1}{G} \end{array}\right\} \tag{2.3}$$

の関係がある。

図2.1　**抵抗とコンダクタンス**

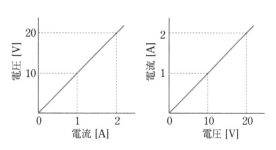

図2.2　**電圧と電流の関係**

2.2　抵抗の直列接続および並列接続

図2.3のように抵抗を直列に接続したとき，抵抗 R_1, R_2 に流れる電流は等しく I であり，式 (2.1) より次の関係が成り立つ。

$$\left.\begin{array}{l} V_1 = R_1 I \\ V_2 = R_2 I \end{array}\right\} \tag{2.4}$$

抵抗全体にかかる電圧 V_t は各抵抗の電圧の和であるので，

$$V_t = V_1 + V_2 = (R_1 + R_2)I \tag{2.5}$$

となる。したがって，抵抗を直列に接続したときの回路全体の抵抗値は各抵抗の値の和になる。

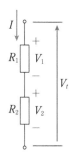

図2.3　**抵抗の直列接続**

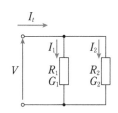

図2.4　**抵抗の並列接続**

次に図2.4のように抵抗を並列に接続したとき，抵抗 R_1, R_2 に加わる電圧は V で等しく，流れる電流 I_t は抵抗 R_1, R_2 に流れる電流 I_1 と I_2 が加算されたものであるので，式 (2.1) より，

$$\left.\begin{aligned} I_1 &= \frac{V}{R_1} \\ I_2 &= \frac{V}{R_2} \end{aligned}\right\} \tag{2.6}$$

となり，流れる電流 I_t は

$$I_t = I_1 + I_2 = \left(\frac{1}{R_1} + \frac{1}{R_2}\right)V \tag{2.7}$$

となる。これより，並列接続された抵抗全体の値 R_t は

$$R_t = \frac{V}{I_t} = \frac{1}{\dfrac{1}{R_1} + \dfrac{1}{R_2}} = \frac{R_1 R_2}{R_1 + R_2} = R_1 // R_2 \tag{2.8}$$

になる。ここで，$R_1 // R_2$ は抵抗 R_1 と R_2 の並列接続時の抵抗値を表す。以上のように並列接続された抵抗の値は複雑なものになる。このような場合はコンダクタンス G を用いた方が計算がより簡単になる。式 (2.2) より

$$\left.\begin{aligned} I_1 &= G_1 V \\ I_2 &= G_2 V \end{aligned}\right\} \tag{2.9}$$

であるので，

$$I_t = I_1 + I_2 = (G_1 + G_2)V \tag{2.10}$$

となり，並列接続された抵抗の全体のコンダクタンス G_t は

$$G_t = \frac{I_t}{V} = G_1 + G_2 \tag{2.11}$$

と簡単になる。

2.3 電圧源と電流源

2.3.1 電圧源

　電圧源は電池のように，流れ出る電流にかかわらずほぼ一定の電圧を発生するもので，電池のような直流電圧だけでなく，家庭用の 100 V 電源のような交流電圧を発生させるものも含まれる。ただし実際の電圧源は流れ出る電流が多くなると図 2.5 のように発生電圧が降下する。そこで一般的にはこの特性も考慮して図 2.6 に示す等価回路を用いる。V_o は端子 1-1′ 間を開放して回路系に電流が流れないときの電圧で，**開放電圧**という。R_o は電流が流れて出力電圧 V_L が降下することに対応する抵抗体で，**内部抵抗**という。流れる電流 I_L と出力電圧 V_L には

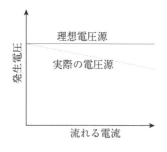

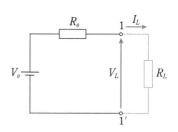

図2.5　実際の電圧源の電圧・電流特性　　　　図2.6　電圧源の等価回路

$$V_L = V_o - I_L R_o \tag{2.12}$$

の関係がある。内部抵抗は，端子 1-1′ 間を短絡したときに流れる電流を**短絡電流** I_s とすると，

$$R_o = \frac{V_o}{I_s} \tag{2.13}$$

から求めることができる。

　電圧源では図 2.7(a) に示すような直列接続が可能であり，このときの端子間電圧は $V_1 + V_2$ となる。しかし，図 2.7(b) に示すような並列接続は不可である。ただし，例えば電池を並列に接続したときのように，電圧源を並列に接続することもありうる。このときは図 2.7(c) に示すような内部抵抗 R_1, R_2 を考慮すれば端子間電圧を求めることができる。この場合は端子間に負荷が接続されていない開放時の電圧を V_o とすると，後に述べるキルヒホッフの電流則より，

$$\frac{V_o - V_1}{R_1} + \frac{V_o - V_2}{R_2} = 0 \tag{2.14}$$

となり，開放電圧は

$$V_o = \frac{R_2 V_1 + R_1 V_2}{R_1 + R_2} \tag{2.15}$$

となる。また短絡電流 I_s は

$$I_s = \frac{V_1}{R_1} + \frac{V_2}{R_2} \tag{2.16}$$

となるので，内部抵抗 R_o は，

$$R_o = \frac{V_o}{I_s} = \frac{R_2 V_1 + R_1 V_2}{R_1 + R_2} \frac{R_1 R_2}{R_2 V_1 + R_1 V_2} = \frac{R_1 R_2}{R_1 + R_2} = R_1 // R_2 \tag{2.17}$$

となる。

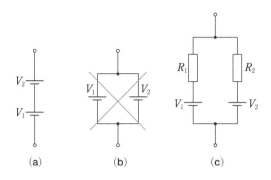

図2.7　電圧源の直列接続と並列接続

2.3.2　電流源

　電流源はバイポーラトランジスタのコレクタ電流もしくは MOS トランジスタのドレイン電流のように，印加される電圧にかかわらずほぼ一定の電流が流れるものを指す。電流源は電池として想像できる電圧源ほどなじみのある概念ではなく，主として電子デバイスによって実現される信号源であり，この概念の理解が電気回路の理解にとって重要である。

　図 2.8 に電流源の回路記号を示す。電流 I_o が端子 1′ から端子 1 に向かって流れる。端子間電圧は端子間に接続される電圧源もしくは負荷抵抗，あるいは電流が交流の場合は負荷インピーダンスによって決まる。

図2.8　電流源

　実際の電流は端子間電圧が大きくなると図 2.9(a) のように負荷を流れる電流は降下する。したがって等価回路は図 2.9(b) に示すものになる。I_s を短絡電流，R_o を内部抵抗という。

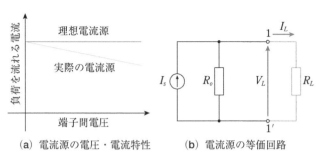

(a) 電流源の電圧・電流特性　　　　(b) 電流源の等価回路

図2.9　電流源の電圧・電流特性と等価回路

出力電圧 V_L と負荷に流れる電流 I_L は

$$I_L = I_s - \frac{V_L}{R_o} \tag{2.18}$$

の関係がある。したがって，電流源の場合は端子間電圧によらず，内部抵抗 R_o が大きいほど一定の電流が流れる。

　電流源の短絡電流 I_s は端子 1-1′ 間を短絡したときに流れる電流である。また内部抵抗は端子 1-1′ 間に負荷を接続しないときの開放電圧 V_o と短絡電流 I_s から，

$$R_o = \frac{V_o}{I_s} \tag{2.19}$$

と求めることができる。

　電流源は図2.10(a) に示すような並列接続は可能であり，電流値は $I_1 + I_2$ になるが，図2.10(b) に示すような直列接続は不可である。このような回路では端子間電流が定まらない。

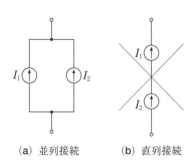

(a) 並列接続　　　(b) 直列接続

図2.10　電流源の並列接続と直列接続

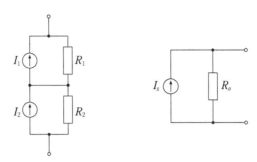

（a）内部抵抗を考慮した電流源の直列接続　　（b）等価電流源

図2.11　内部抵抗を考慮した電源の直列接続とその等価電流源

このときは，図2.11に示すような内部抵抗を考慮する必要がある。図2.11(a) の回路の開放電圧 V_o は

$$V_o = R_1 I_1 + R_2 I_2 \tag{2.20}$$

であり，短絡電流 I_s は

$$I_s = \frac{R_1 I_1 + R_2 I_2}{R_1 + R_2} \tag{2.21}$$

で与えられるので，内部抵抗 R_o は

$$R_o = \frac{V_o}{I_s} = R_1 + R_2 \tag{2.22}$$

となる。等価電流源を図2.11(b) に示す。

2.3.3　電圧源と電流源の等価性

電圧源と電流源の間には**等価性**があり，互いに入れ替えることができる。図2.12に示す電圧源と電流源の開放電圧 V_o と短絡電流 I_s は

開放電圧 V_o：

電圧源：V_o

電流源：$R_o I_s$
$$\tag{2.23a}$$

短絡電流 I_s：

電圧源：$\dfrac{V_o}{R_o}$
$$\tag{2.23b}$$

電流源：I_s

となる。したがって，図2.12に示すように $I_s = \dfrac{V_o}{R_o}$ とおけば，電圧源と電流源は等価になる。

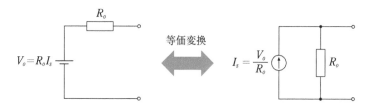

図2.12　電圧源と電流源の等価変換

2.4　電力

抵抗では電気エネルギーが熱エネルギーに変換されエネルギーが消費される。電圧 V と電流 I の積 P を**電力**と呼ぶ。単位は W（ワット）である。電力は単位時間あたりのエネルギーの消費を表す。図2.13に示す抵抗で消費される電力 P は次式で表される。

$$P = VI = \frac{V^2}{R} = I^2 R \tag{2.24}$$

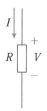

図2.13　抵抗と電力消費

図2.14(a) に示す内部抵抗 R_o を有する電圧源を用いて負荷抵抗 R_L を変化させたとき，負荷抵抗に取り出される電力 P_L を求めてみる。負荷抵抗を流れる電流 I_L は，

$$I_L = \frac{V_o}{R_o + R_L} \tag{2.25}$$

であるから，電力 P_L は

$$P_L = I_L^2 R_L = \left(\frac{V_o}{R_o + R_L}\right)^2 R_L = \frac{R_L}{(R_o + R_L)^2} V_o^2 \tag{2.26}$$

となる。図 2.14(b) に負荷抵抗 $R_L (= \alpha R_o)$ を変化させたときの電力 P_L の変化を示す。P_L は $R_L = R_o$ のときに最も大きな電力 P_{max} となり，

$$P_{max} = \frac{V_o^2}{4R_o} \tag{2.27}$$

である。この P_{max} はその電圧源が負荷に供給可能な最大の電力を示し，電源の**有能電力**という。また最大の電力を取り出すために負荷抵抗を電源の内部抵抗に一致させることを，**電力整合**をとるという。

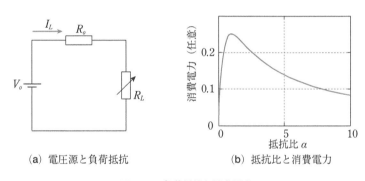

(a) 電圧源と負荷抵抗　　　　　(b) 抵抗比と消費電力

図2.14　**負荷抵抗と消費電力**

2.5　被制御電源（従属電源）

ここまで述べた電圧源と電流源は，まわりに接続される回路に無関係で独立した存在である。これに対し電源の電圧や電流が，回路のある部分の電圧や電流により制御される電源を**被制御電源（従属電源）**という。図 2.15 に示すように，被制御電源は制御する量と制御される量が電圧か電流かに応じて 4 種類考えられる。被制御電源は制御側の端子 1-1′ と出力側の端子 2-2′ を有する四端子回路である。

(1) 電圧制御電圧源

出力端子の電圧が入力端子に加えられた電圧 v_1 によって決定される電圧源で，A は比例定数である。端子間に電流は流れない。

(2) 電圧制御電流源

出力端子の電流が入力端子に加えられた電圧 v_1 によって決定される電流源で，g_m

は**相互コンダクタンス**と呼ばれる定数で，単位はS（ジーメンス）である。入力端子間に電流は流れない。

(3) 電流制御電圧源

出力端子の電圧が入力端子に加えられた電流 i_1 によって決定される電圧源で，r_m は**相互抵抗**と呼ばれる定数で，単位は Ω（オーム）である。入力端子間には電流は流れるが入力端子の電圧は0である。

(4) 電流制御電流源

出力端子の電流が入力端子に加えられた電流 i_1 によって決定される電流源で，β は比例定数である。この場合も入力端子間には電流は流れるが入力端子の電圧は0である。

　この中でアナログ電子回路においてよく用いられるものが電圧制御電流源である。バイポーラトランジスタや MOS トランジスタなどのトランジスタの最も重要な作用は，ベース・エミッタ間電圧 V_{BE} やゲート・ソース間電圧 V_{GS} を制御することによりコレクタ電流 I_C やドレイン電流 I_D を変化させることであり，この作用を利用して信号の増幅などを行っている。

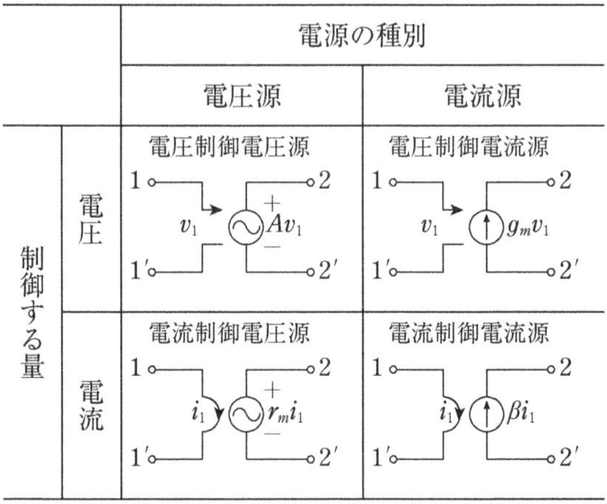

		電源の種別	
		電圧源	電流源
制御する量	電圧	電圧制御電圧源	電圧制御電流源
	電流	電流制御電圧源	電流制御電流源

図2.15　被制御電源（従属電源）

2.6　キルヒホッフの法則

キルヒホッフの法則は複雑な回路の電圧および電流を定める最も重要な法則であ

る。この法則はある**節点（ノード）**に流れる電流の関係を定める**電流則**と，ある**閉路（ループという）**内の各素子の電圧関係を定める**電圧則**からなる。

2.6.1　キルヒホッフの電流則

図2.16(a) のように任意のノードに流入する電流の和は0である。つまり流れ込んだ電流量は流れ出る電流量に等しい。

$$I_1 + I_2 + I_3 = 0 \tag{2.28}$$

一般化すると，N を枝数（流れ込む電流の数）として，

$$\sum_{i=1}^{N} I_i = 0 \tag{2.29}$$

と表される。これは物質不滅の法則を表しており，数学的には

$$\mathrm{div}\, J = 0 \tag{2.30}$$

と表す。J は**電流密度**である。

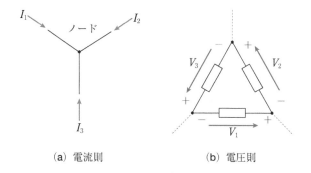

（a）電流則　　　　　　　（b）電圧則

図2.16　キルヒホッフの電流則と電圧則

2.6.2　キルヒホッフの電圧則

図2.16(b) のように，ある経路に沿った電圧の和は0である。つまりノード間の電圧差はどの経路をとっても等しい。

$$V_1 + V_2 + V_3 = 0 \tag{2.31}$$

一般化すると，N をノード数として，

$$\sum_{i=1}^{N} V_i = 0 \tag{2.32}$$

と表される。これは**ポテンシャル一価**を表しており，数学的には，

$$\mathrm{rot}\, V = 0 \tag{2.33}$$

と表す。

図2.17(a) に示す回路におけるノード a の電圧 V_a と抵抗 R_1, R_2, R_3 を流れる電流 I_1, I_2, I_3 をキルヒホッフの電流則を用いて求める。

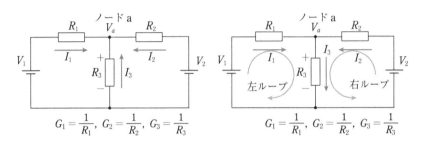

(a) 電流則の適用例   (b) 電圧則の適用例

図2.17 キルヒホッフの電流則と電圧則の適用例

ノード a にキルヒホッフの電流則を適用すると, $G_1 = \dfrac{1}{R_1}, G_2 = \dfrac{1}{R_2}, G_3 = \dfrac{1}{R_3}$ で表されるコンダクタンス G を用いて,

$$I_1 + I_2 + I_3 = 0 \tag{2.34}$$

$$\left.\begin{array}{l} I_1 = G_1\,(V_1 - V_a) \\ I_2 = G_2\,(V_2 - V_a) \\ I_3 = -\,G_3 V_a \end{array}\right\} \tag{2.35}$$

となる。式 (2.35) を式 (2.34) に代入すると,

$$G_1\,(V_1 - V_a) + G_2\,(V_2 - V_a) - G_3 V_a = 0 \tag{2.36}$$

となり, ノード a の電圧が

$$V_a = \frac{G_1 V_1 + G_2 V_2}{G_1 + G_2 + G_3} \tag{2.37}$$

と求まる。次に式 (2.37) を式 (2.35) に代入すると, 各抵抗を流れる電流が

$$I_1 = G_1 \left(V_1 - \frac{G_1 V_1 + G_2 V_2}{G_1 + G_2 + G_3} \right) = G_1 \frac{(G_2 + G_3)V_1 - G_2 V_2}{G_1 + G_2 + G_3} \left. \right\}$$

$$I_2 = G_2 \left(V_2 - \frac{G_1 V_1 + G_2 V_2}{G_1 + G_2 + G_3} \right) = G_2 \frac{(G_1 + G_3)V_2 - G_1 V_1}{G_1 + G_2 + G_3} \tag{2.38}$$

$$I_3 = -G_3 \frac{G_1 V_1 + G_2 V_2}{G_1 + G_2 + G_3}$$

と求まる。キルヒホッフの電流則を用いる場合，抵抗 R よりもコンダクタンス G を用いる方が計算しやすい。

　図 2.17(a) とまったく同一の回路をキルヒホッフの電圧則を用いて求めてみる。ただし，図 2.17(b) に示すように計算の都合上，抵抗 R_3 を流れる電流 I_3 の向きを逆にしている。閉ループとして図に示すように右ループと左ループを用いる。右ループと左ループにおいて

$$\left. \begin{aligned} V_1 &= R_1 I_1 + R_3 I_3 \\ V_2 &= R_2 I_2 + R_3 I_3 \end{aligned} \right\} \tag{2.39}$$

$$I_3 = I_1 + I_2 \tag{2.40}$$

が成り立つので，

$$\left. \begin{aligned} V_1 &= R_1 I_1 + R_3 (I_1 + I_2) = (R_1 + R_3)I_1 + R_3 I_2 \\ V_2 &= R_2 I_2 + R_3 (I_1 + I_2) = R_3 I_1 + (R_2 + R_3)I_2 \end{aligned} \right\} \tag{2.41}$$

となる。この連立方程式を I_1, I_2 に関して解くと，

$$\left. \begin{aligned} I_1 &= \frac{(R_2 + R_3)V_1 - R_3 V_2}{R_1 R_2 + R_1 R_3 + R_2 R_3} \\ I_2 &= \frac{(R_1 + R_3)V_2 - R_3 V_1}{R_1 R_2 + R_1 R_3 + R_2 R_3} \end{aligned} \right\} \tag{2.42}$$

となり，電流 I_3 と電圧 V_a は

$$\left. \begin{aligned} I_3 &= I_1 + I_2 = \frac{R_2 V_1 + R_1 V_2}{R_1 R_2 + R_1 R_3 + R_2 R_3} \\ V_a &= R_3 I_3 = \frac{R_2 R_3 V_1 + R_1 R_3 V_2}{R_1 R_2 + R_1 R_3 + R_2 R_3} \end{aligned} \right\} \tag{2.43}$$

と求まる。キルヒホッフの電流則を用いても電圧則を用いても結果は同じである。V_a の値を比較する。式 (2.43) より V_a を表す分数式の分子・分母を $R_1 R_2 R_3$ で割ると，

$$V_a = \frac{R_2 R_3 V_1 + R_1 R_3 V_2}{R_1 R_2 + R_1 R_3 + R_2 R_3} = \frac{\dfrac{V_1}{R_1} + \dfrac{V_2}{R_2}}{\dfrac{1}{R_3} + \dfrac{1}{R_2} + \dfrac{1}{R_1}} = \frac{G_1 V_1 + G_2 V_2}{G_1 + G_2 + G_3} \tag{2.44}$$

となり，キルヒホッフの電流則を用いて導出した式 (2.37) の結果と一致する。キルヒ

ホッフの電圧則では閉ループのとり方に任意性があり一意に定まらないため，キルヒホッフの電流則がよく使われる。

例 2.1

図 2.18 に示す回路において，抵抗 R_1 を流れる電流 I_0 と，抵抗 R_2 に発生する電圧 V_0 をキルヒホッフの電流則を用いて求める。

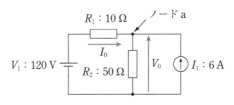

図2.18 **抵抗回路**

ノード a にキルヒホッフの電流則を適用すると次式が得られる。

$$\left.\begin{aligned} I_0 + I_1 - \frac{V_0}{R_2} = 0 \\ I_0 = \frac{V_1 - V_0}{R_1} \end{aligned}\right\} \tag{2.45}$$

これより

$$V_0 = \frac{R_2}{R_1 + R_2} V_1 + \frac{R_1 R_2}{R_1 + R_2} I_1 \tag{2.46}$$

この式に各値を代入すると $V_0 = 150\,\mathrm{V}$ となる。また $I_0 = \dfrac{V_1 - V_0}{R_1}$ に各値を代入すると $I_0 = -3\,\mathrm{A}$ となる。

2.7 重ね合わせの理

図 2.19 に示す回路において，ノード a の電圧 V_a を求めたい。ノード a にキルヒホッフの電流則を適用すると次式が得られる。

$$G_1 (V_1 - V_a) + G_2 (V_2 - V_a) - G_3 V_a + I_0 = 0 \tag{2.47}$$

これより，

$$V_a = \frac{G_1}{G_1 + G_2 + G_3} V_1 + \frac{G_2}{G_1 + G_2 + G_3} V_2 + \frac{1}{G_1 + G_2 + G_3} I_0 \tag{2.48}$$

となる。

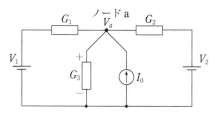

図2.19　**電圧源と電流源を含む回路**

この解は，電圧 V_a は電圧源 V_1 による電圧 V_{a1}，電圧源 V_2 による電圧 V_{a2} および電流源 I_0 による電圧 V_{a3} が加算されたものと解釈できる。この原理を**重ね合わせの理**という。図 2.20 に V_{a1}，V_{a2}，V_{a3} を求める回路を示す。

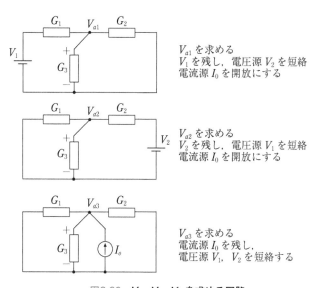

V_{a1} を求める
V_1 を残し，電圧源 V_2 を短絡
電流源 I_0 を開放にする

V_{a2} を求める
V_2 を残し，電圧源 V_1 を短絡
電流源 I_0 を開放にする

V_{a3} を求める
電流源 I_0 を残し，
電圧源 V_1，V_2 を短絡する

図2.20　V_{a1}, V_{a2}, V_{a3}**を求める回路**

V_{a1} を求めるには電圧源 V_1 を残し，電圧源 V_2 を短絡，電流源 I_0 を開放してそれぞれ 0 にする。すると，キルヒホッフの電流則より

$$G_1 (V_{a1} - V_1) + (G_2 + G_3)V_{a1} = 0 \tag{2.49}$$

となり，

$$V_{a1} = \frac{G_1}{G_1 + G_2 + G_3} V_1 \tag{2.50}$$

を得る。

次に，V_{a2} を求めるには電圧源 V_2 を残し，電圧源 V_1 を短絡，電流源 I_0 を開放にしてそれぞれ0にする。V_{a1} を求めるのと同様に，

$$V_{a2} = \frac{G_2}{G_1 + G_2 + G_3} V_2 \tag{2.51}$$

を得る。

最後に V_{a3} を求めるには電流源 I_0 を残し，電圧源 V_1，V_2 を短絡にする。

$$(G_1 + G_2 + G_3)V_{a3} - I_0 = 0 \tag{2.52}$$

より

$$V_{a3} = \frac{1}{(G_1 + G_2 + G_3)} I_0 \tag{2.53}$$

を得る。したがって，ノード a の電圧は

$$V_a = V_{a1} + V_{a2} + V_{a3} = \frac{G_1}{G_1 + G_2 + G_3} V_1 + \frac{G_2}{G_1 + G_2 + G_3} V_2 + \frac{1}{G_1 + G_2 + G_3} I_0 \tag{2.54}$$

となり，キルヒホッフの電流則から求めた式 (2.48) と一致する。重ね合わせの理は連立方程式を解かずに解を求められるので便利であるほか，各電圧源や電流源の回路への寄与を求めるときに有効である。

例2.2

重ね合わせの理を用いて，図2.21 に示す直列に接続した電流源の開放電圧 V_o，短絡電流 I_s，内部抵抗 R_o を求める。

開放電圧は図2.21 に示すように，電流源 I_1 を残し電流源 I_2 を開放した場合の開放電圧 V_{o1} と，電流源 I_2 を残し電流源 I_1 を開放した場合の開放電圧 V_{o2} との和で表される。

抵抗 R_1 に電流源 I_1 のすべての電流が流れ，抵抗 R_2 には電流が流れず，抵抗 R_2 の端子間電圧は0であること，抵抗 R_2 に電流源 I_2 のすべての電流が流れ，抵抗 R_1 には電流が流れず，抵抗 R_1 の端子間電圧は0であることから，

$$V_o = V_{o1} + V_{o2} = R_1 I_1 + R_2 I_2 \tag{2.55}$$

となる。

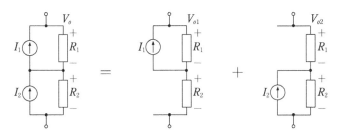

図2.21　直列に接続した電流源の開放電圧

　短絡電流 I_s は端子間を短絡したときに端子間に流れる電流である。図2.21に示すように，電流源 I_1 を残し電流源 I_2 を開放した場合の短絡電流 I_{s1} と，電流源 I_2 を残し電流源 I_1 を開放した場合の短絡電流 I_{s2} との和で表される。

　電流源 I_1 を残し，電流源 I_2 を開放した場合の短絡電流 I_{s1} は，電流源 I_1 の電流をコンダクタンスの比率で分割するので，

$$I_{s1} = I_1 \frac{\dfrac{1}{R_2}}{\dfrac{1}{R_1} + \dfrac{1}{R_2}} = I_1 \frac{R_1}{R_1 + R_2} \tag{2.56}$$

となる。同様に，I_{s2} を求めることができるので，短絡電流 I_s は，

$$I_s = I_{s1} + I_{s2} = I_1 \frac{R_1}{R_1 + R_2} + I_2 \frac{R_2}{R_1 + R_2} = \frac{I_1 R_1 + I_2 R_2}{R_1 + R_2} \tag{2.57}$$

となる。したがって内部抵抗 R_o は

$$R_o = \frac{V_o}{I_s} = R_1 + R_2 \tag{2.58}$$

となる。このように重ね合わせの理を用いることにより，計算が簡単になるとともに，各信号源や各素子の回路への寄与がわかりやすくなる。

2.8　テブナンの定理

　図2.22(a) に示すように，内部に電圧源や電流源などの起電力を含む回路において，端子間の開放電圧を V_o，端子から見た回路の抵抗を R_o とするとき，端子に抵抗 R_L を接続したときに R_L に流れる電流 I_L は

$$I_L = \frac{V_o}{R_o + R_L} \tag{2.59}$$

で与えられる。

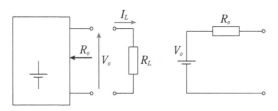

(a) 内部に起電力を含む回路　(b) 開放電圧と内部抵抗で表した等価回路

図2.22　**テブナンの定理**

　このことは，内部に複数の電圧源，電流源を持ち，抵抗の接続が複雑な回路であっても図2.22(b) のように開放電圧 V_o と内部抵抗 R_o の電圧源で表されるということを意味している。この定理が**テブナンの定理**である。

　テブナンの定理は重ね合わせの理を用いて説明できる。まず開放電圧 V_o に等しく反対の極性を持つ電圧を直列に挿入した回路を考える。回路の状態は図2.23(a) に示す回路の状態と同じである。次に，この回路を重ね合わせの理を用いて，図2.23(b) の状態と図2.23(c) の状態に分割する。(b) の状態は箱で示す回路中のすべての起電力と電圧 V_o が含まれている回路であり，抵抗を流れる電流は0である。(c) の状態は箱で示す回路中のすべての起電力が0であり，電圧 $-V_o$ のみを残した回路である。端子から見た箱で示す回路の抵抗は R_o なので，電流 I_{L2} は

$$I_{L2} = \frac{V_o}{R_o + R_L} \tag{2.60}$$

となる。よって，重ね合わせの理により

$$I_L = I_{L1} + I_{L2} = I_{L2} \tag{2.61}$$

となり，テブナンの定理が証明された。

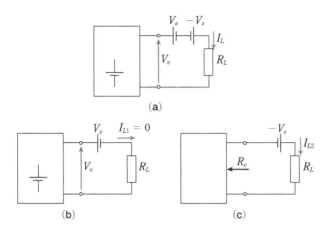

図2.23　テブナンの定理の証明

例えば，図 2.24(a) に示す電圧源 1 個，抵抗 2 個の回路は，図 2.24(b) に示す電圧源 1 個，抵抗 1 個の回路に変換することができる。テブナンの定理は回路の簡略化に役に立つことが多い。

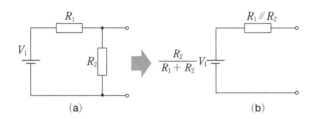

図2.24　電圧源回路の簡略化

例 2.3

図 2.25 に 3 ビットの D/A 変換器を示す。スイッチ S_i は入力 D_i が 1 のときに V_R，0 のときに接地電位をとるものとする。出力電圧 V_o が式 (2.62) で表される 2 進数で重み付けされた電圧になることを重ね合わせの理およびテブナンの定理を用いて証明する。

$$V_o = \left(\frac{1}{2}D_1 + \frac{1}{4}D_2 + \frac{1}{8}D_3\right)V_R \tag{2.62}$$

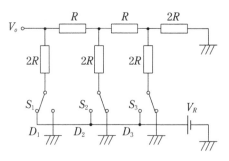

図2.25　3ビットのD/A変換器

はじめに，D_1 が1で D_2, D_3 が0のとき，スイッチ S_1 が V_R を選択し，スイッチ S_2, S_3 が0電圧である接地電位を選択するので，このときのD/A変換器の状態は図2.26のようになる。

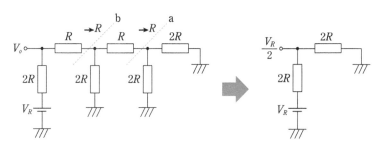

図2.26　D_1 が1で D_2, D_3 が0のときの状態

a端から右を見ると，$2R$ の抵抗が並列に接続されているので抵抗値は R である。次に b 端から右を見ると $2R$ の抵抗が並列に接続されているので抵抗値は R である。したがって，電圧 V_R は直列接続された同一の抵抗で分圧され，出力電圧 V_o は $V_R/2$ になる。

次に，D_2 が1で D_1, D_3 が0のとき，スイッチ S_2 が V_R を選択し，スイッチ S_1, S_3 が接地電位を選択するので，このときのD/A変換器の状態は図2.27のようになる。

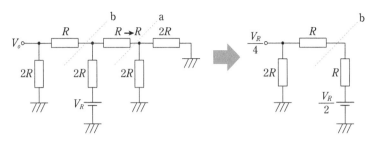

図2.27　D_2が1でD_1, D_3が0のときの状態

　a端から右を見ると，$2R$ の抵抗が並列に接続されているので抵抗値は R である。次にb端から右を見ると，$2R$ の抵抗が並列に接続されているので抵抗値は R である。したがって，b端から右を見た回路の開放電圧は $V_R/2$，内部抵抗は R である。出力端では，この電圧が直列接続された抵抗$2R$ で分圧されるので，出力電圧 V_o は $V_R/4$ になる。

　最後に，D_3が1で D_1, D_2が0のとき，スイッチ S_3 が V_R を選択し，スイッチ S_1, S_2 が接地電位を選択するので，このときのD/A変換器の状態は図2.28のようになる。

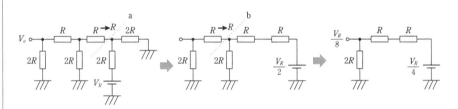

図2.28　D_3が1でD_1, D_2が0のときの状態

　a端から右を見ると，$2R$ の抵抗が並列に接続されているので抵抗値は R である。開放電圧は V_R が直列接続された抵抗$2R$ で分圧されるので，$V_R/2$ になる。次にb端から右を見ると，$2R$ の抵抗が並列に接続されているので抵抗値は R である。開放電圧は $V_R/2$ が直列接続された抵抗$2R$ で分圧されるので，$V_R/4$ になる。出力端では電圧 $V_R/4$ が直列接続された抵抗$2R$ で分圧されるので，$V_R/8$ になる。

　以上の3つの状態を重ね合わせると式 (2.62) になる。

2.9　ノートンの定理

　テブナンの定理が電気回路を電圧源と内部抵抗で表現したのに対して，電流源と内部抵抗で表現したのが**ノートンの定理**である。図2.29にその様子を示す。はじめに，

(a) 短絡電流 I_s を求め，次に (b) 内部抵抗 R_o を求める。これにより電気回路は (c) のように電流源 I_s と内部抵抗 R_o で表される。このことは図2.12で示した電圧源と電流源の等価性から理解できる。

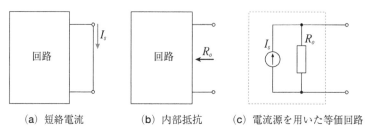

（a）短絡電流　　　　（b）内部抵抗　　　（c）電流源を用いた等価回路

図2.29　ノートンの定理

2.10　補償定理

回路中の任意の抵抗がある値だけ変化した場合，電流の変化を求めたいときがある。この場合は**補償定理**を用いることで簡便に求められる。

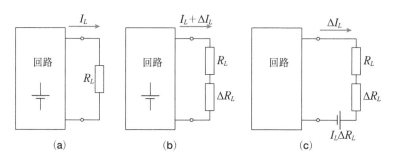

図2.30　補償定理

　図2.30(a) に示すように，電圧源もしくは電流源を含む回路において，抵抗 R_L に電流 I_L が流れているとする。抵抗 R_L が ΔR_L だけ変化したとき，図2.30(b) に示すように電流は ΔI_L 変化したとする。このときの電流変化は，図2.30(c) に示すように回路内の電圧源もしくは電流源を0とし，抵抗 ΔR_L に直列に電圧源 $I_L \Delta R_L$ を挿入したときに流れる電流から求められる。

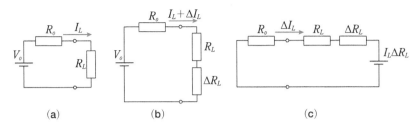

図2.31　補償定理の説明

図 2.31 を用いて，補償定理を説明する。テブナンの定理により，任意の電気回路は開放電圧 V_o と内部抵抗 R_o の直列回路で表される。図 2.31(a) に示すように，この回路に負荷抵抗 R_L を接続したときに流れる電流 I_L は

$$I_L = \frac{V_o}{R_o + R_L} \tag{2.63}$$

となる。図 2.31(b) に示すように，負荷抵抗が ΔR_L だけ変化した場合に流れる電流は

$$I_L + \Delta I_L = \frac{V_o}{R_o + R_L + \Delta R_L} \tag{2.64}$$

となり，電流変化 ΔI_L は，式 (2.63) より

$$
\begin{aligned}
\Delta I_L &= \frac{V_o}{R_o + R_L + \Delta R_L} - \frac{V_o}{R_o + R_L} = -\frac{\Delta R_L}{R_o + R_L + \Delta R_L} \frac{V_o}{R_o + R_L} \\
&= -\frac{\Delta R_L I_L}{R_o + R_L + \Delta R_L}
\end{aligned}
\tag{2.65}
$$

となる。この式は図 2.31(c) に示す回路内の電圧源もしくは電流源を 0 とし，抵抗 ΔR_L に直列に電圧源 $I_L \Delta R_L$ を挿入したときに流れる電流に等しい。

2.11　ブリッジ回路

図 2.32 のような回路を**ブリッジ回路**と呼び，B-D 間に現れる電圧（検出電圧）を 0 にして未知の抵抗を求めることなどに使用される。これが 0 になる条件を求めてみる。

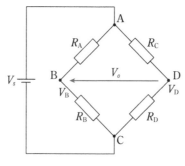

図2.32　ブリッジ回路

検出電圧 V_o は $V_B - V_D$ であるので，これが0になる条件は，

$$V_o = V_B - V_D = \left(\frac{R_B}{R_A + R_B} - \frac{R_D}{R_C + R_D} \right) V_s = \frac{R_B R_C - R_A R_D}{(R_A + R_B)(R_C + R_D)} V_s \tag{2.66}$$

である。したがって，$V_o = 0$ となる条件は

$$R_B R_C = R_A R_D \tag{2.67}$$

となり，向き合った2辺の抵抗の積が等しくなればよい。また，式 (2.67) は以下のように書ける。

$$\frac{R_A}{R_B} = \frac{R_C}{R_D} \tag{2.68}$$

本質が電圧の分圧であることを考えると，このように抵抗の比で考えた方が理解しやすい。

● 演習問題

2.1 図問2.1に示す回路の合成抵抗を求めよ。ただし，$R_1 = 10 \ \Omega$，$R_2 = 20 \ \Omega$，$R_3 = 25 \ \Omega$ とする。

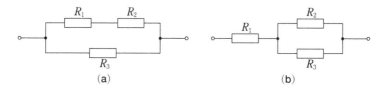

(a)　　　　　　　　(b)

図問2.1

2.2 図問2.2の抵抗はすべて10 Ωとするときに，端子A-B間の抵抗を求めよ。

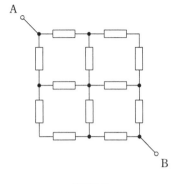

図問2.2

2.3 電源の開放電圧は200 Vで，40 Ωの負荷をつけたら電圧は80 Vに下がった。この電源を電圧源および電流源の等価回路で表せ。

2.4 図問2.4において，抵抗Rを流れる電流が0.4 Aになるように，Rの値を示すとともに電流が流れる方向を示せ。

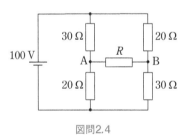

図問2.4

2.5 図問2.5に示すように，開放電圧V_1，内部抵抗R_1の電圧源と，開放電圧V_2，内部抵抗R_2の電圧源を並列に接続した。V_1が6 V，V_2が5 V，R_1が0.1 Ω，R_2が0.2 Ωのとき，開放電圧V_oと内部抵抗R_oを求めよ。

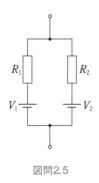

図問2.5

2.6 図問2.6(a)に示す開放電圧V_1, 内部抵抗R_1の電圧源を, 短絡電流I_1, 内部抵抗R_2の電流源に変換せよ。ただし, V_1は1.5 V, R_1は0.5 Ωとする。

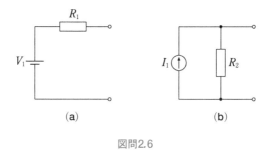

(a)   (b)

図問2.6

2.7 図問2.7において, 電圧V_BおよびV_Dを求めよ。

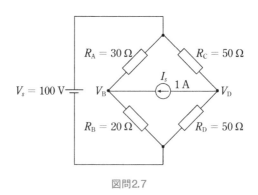

図問2.7

2.8 図問2.8に示す回路において，抵抗R_2の電圧V_xを求めよ。ただし，$V_0 = 110$ V，$I_0 = 4$ A，$R_1 = 5$ Ω，$R_2 = 10$ Ω，$R_3 = 2$ Ω，$R_4 = 12$ Ωとする（重ね合わせの理を用いると，計算が少し楽になる）。

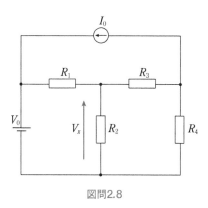

図問2.8

- オームの法則：抵抗Rを流れる電流Iと抵抗Rの端子間電圧Vには$V=RI$, $I=V/R$の関係がある。コンダクタンスGを用いると，$I=GV$, $V=I/G$の関係がある。

- 電圧源と電流源：電圧源と電流源は開放電圧V_oと短絡電流I_sからその等価回路を求めることができる。内部抵抗R_oは$R_o=V_o/I_s$である。電圧源と電流源は等価変換できる。

- 電力：抵抗は電力を消費し，その大きさは抵抗を流れる電流Iと抵抗の端子間電圧Vを掛けることで得られる。

- 電力整合：負荷抵抗R_Lが消費する電力は，R_Lが内部抵抗R_oに等しいときに最大になる。負荷抵抗を内部抵抗に一致させることを，電力整合をとるという。

- キルヒホッフの電流則：任意のノードに流入する電流の和は0である。

- キルヒホッフの電圧則：ある経路に沿った電圧の和は0である。

- 重ね合わせの理：複数の電源を持っている場合，任意点の電流および任意点間の電圧はそれぞれの電源が単独に存在した場合の値の和に等しい。ただし電源を取り除く際は，取り除かれる電圧源は短絡，電流源は開放として取り扱う。

- テブナンの定理：どのような電源でも，内部に起電力を含む回路において，端子間の開放電圧V_oと端子から見た回路の抵抗R_oで表される。

- ノートンの定理：どのような電源でも，内部に起電力を含む回路において，電流源I_sと内部抵抗R_oで表される。

- 補償定理：電圧源もしくは電流源を含む回路において，抵抗R_Lに電流I_Lが流れているとする。抵抗R_LがΔR_Lだけ変化したとき電流変化ΔI_Lは，回路内の電圧源もしくは電流源を0とし，抵抗ΔR_Lに直列に電圧源$I_L\Delta R_L$を挿入したときに流れる電流から求められる。

- ブリッジ回路：抵抗をリング状に接続し，抵抗比により検出電圧が0になる回路。

第*3*章

容量とインダクタの電気的性質

電気回路に現れる現象は抵抗，容量，インダクタの 3 つの回路素子の性質によるものである。そこで本章では，これらの素子のうち 2 章で説明した抵抗以外の素子，つまり容量とインダクタの電気的な性質について見ていくことにする。

容量とインダクタは抵抗と異なり，エネルギーを消費するのではなく，エネルギーを保存する。容量は静電エネルギーを保存し，インダクタは磁気エネルギーを保存する。端子間電圧と素子を流れる電流は抵抗のような単純な比例関係ではなく，互いに時間微分もしくは時間積分の関係にある。また容量では電荷保存則が成立し，インダクタでは鎖交磁束保存則が成立する。本章では，容量とインダクタの電圧と電流の関係，保存則，エネルギーについて述べる。

3.1 容量

容量は電荷を蓄えることができる回路素子で，**電気容量**，**静電容量**，**コンデンサ**，**キャパシタ**などとも呼ばれる。電荷を蓄える能力のことを**キャパシタンス**といい，その値を**容量値**という。

3.1.1 電圧・電流・電荷

図 3.1 に示すように容量 C は電荷を蓄積する。蓄積された電荷を Q とすると，電荷 Q と発生した電圧 V には

$$\left.\begin{array}{l} Q = CV \\ V = \dfrac{Q}{C} \end{array}\right\} \tag{3.1}$$

の関係がある。容量の単位は F（ファラッドもしくはファラド）である。

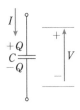

図3.1 **容量**

電荷 Q は容量に流れる電流を積分したものであるので,

$$Q(t) = \int_{-\infty}^{t} I(t)\,dt \tag{3.2}$$

となり,電圧は

$$V(t) = \frac{1}{C}\int_{-\infty}^{t} I(t)\,dt \tag{3.3}$$

と表されるが,時刻 t_0 における電荷を Q_0,電圧を V_0 とすると,

$$V(t) = \frac{1}{C}\left[\int_{t_0}^{t} I(t)\,dt + Q_0\right] = \frac{1}{C}\int_{t_0}^{t} I(t)\,dt + V_0 \tag{3.4}$$

となる。流れる電流 I は電荷 Q の時間微分であるので,

$$I(t) = \frac{dQ(t)}{dt} = C\frac{dV(t)}{dt} + V\frac{dC(t)}{dt} \tag{3.5}$$

である。容量に時間的な変化がないときは,式 (3.5) の第2項が0となり,

$$I(t) = \frac{dQ(t)}{dt} = C\frac{dV(t)}{dt} \tag{3.6}$$

になる。したがって,容量は電流を変化させても電圧はなかなか変化しないが,電圧を短時間で変化させると,流れる電流は大きく変化することがわかる。

3.1.2 蓄積エネルギー

容量に蓄積される**静電エネルギー** W_C を求める。電圧 V で電荷 Q の容量 C に,さらに微小電荷 dQ を付加するために必要な仕事(エネルギー) dW_C は

$$dW_C = VdQ \tag{3.7}$$

である。したがって容量に蓄積される静電エネルギー W_C は

$$W_C = \int_0^Q V dQ = \int_0^Q \frac{Q}{C} dQ = \frac{1}{2}\frac{Q^2}{C} = \frac{1}{2}QV = \frac{1}{2}CV^2 \tag{3.8}$$

となる。単位はJ（ジュール）である。容量にはエネルギーが蓄積され，抵抗のように
エネルギーを消費しない。

3.1.3　電荷保存則

　容量に蓄積された電荷は保存される。例えば図3.2において，スイッチが開いた状
態で，容量 C_1 に電荷 Q_1 が，容量 C_2 に電荷 Q_2 が蓄積されているものとする。スイッ
チを閉じると，容量 C_1 と C_2 で電荷の変化があるかもしれないが，容量 C_1 から流出し
た電荷は容量 C_2 に流入するので，総電荷はスイッチを開いていたときと変わらない。
これが**電荷保存則**である。この電荷保存則は，容量が存在する回路の時間応答を求め
る場合によく使用される重要な法則である。

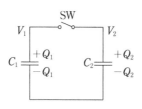

図3.2　電荷の保存

　スイッチを閉じる前のそれぞれの電圧を V_1, V_2 として，スイッチを閉じた後の共通
電圧 V_0 を求める。スイッチを閉じた後の共通電圧 V_0 は電荷保存則により，

$$V_0 = \frac{Q_1 + Q_2}{C_1 + C_2} = \frac{C_1 V_1 + C_2 V_2}{C_1 + C_2} \tag{3.9}$$

となる。

例3.1

　図3.3のような容量を2個直列接続した回路において，はじめスイッチSWを開い
た状態で，容量 C_1, C_2 の接続点に電荷 Q_0 が溜まっている。次にスイッチを閉じた。こ
のとき，容量 C_1, C_2 の電荷 Q_1, Q_2 および電圧 V_1, V_2 を求める。

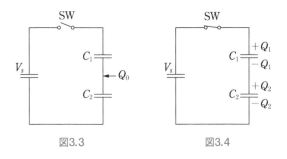

図3.3 図3.4

スイッチを閉じた後の状態を図3.4に示す。以下の式が成り立つ。

$$V_s = V_1 + V_2 = \frac{Q_1}{C_1} + \frac{Q_2}{C_2} \tag{3.10}$$

また，容量の接続点の電荷は電荷保存則により，

$$Q_0 = Q_2 - Q_1 \tag{3.11}$$

であるので，容量 C_1, C_2 の電荷 Q_1, Q_2 および電圧 V_1, V_2 は以下となる。

$$\left.\begin{array}{l} Q_1 = \dfrac{C_1}{C_1 + C_2}(C_2 V_s - Q_0) \\[3mm] Q_2 = \dfrac{C_2}{C_1 + C_2}(C_1 V_s + Q_0) \end{array}\right\} \tag{3.12}$$

$$\left.\begin{array}{l} V_1 = \dfrac{Q_1}{C_1} = \dfrac{C_2 V_s - Q_0}{C_1 + C_2} \\[3mm] V_2 = \dfrac{Q_2}{C_2} = \dfrac{C_1 V_s + Q_0}{C_1 + C_2} \end{array}\right\} \tag{3.13}$$

例3.2

図3.5のような回路がある。容量 C_1 の値は $C/2$，容量 C_2 の値は $C/4$，容量 C_3 および C_4 の値は $C/8$ とする。はじめスイッチ S_0 を閉じるとともにスイッチ $S_1 \sim S_3$ は接地電位を選択し，容量 $C_1 \sim C_4$ の電荷を0にする。次にスイッチ S_0 を開いた。各スイッチは電圧 V_s を選択した状態で式 (3.14) における各 S は "1"，接地電位を選択した状態で各 S は "0" とするとき，スイッチの状態で，電圧 V_o は以下のように表せることを説明する。

$$V_o = \left(\frac{1}{2}S_1 + \frac{1}{4}S_2 + \frac{1}{8}S_3\right)V_s \tag{3.14}$$

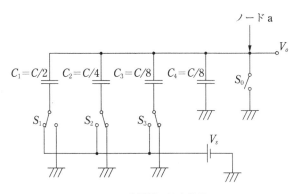

図3.5　**容量型D/A変換器**

　スイッチ S_1 が電圧 V_s を選択し，スイッチ S_2 および S_3 が接地を選択したとき，ノードaの電荷保存則から以下の式が成り立つ。

$$\frac{C}{2}(V_o - V_s) + \left(\frac{1}{4} + \frac{1}{8} + \frac{1}{8}\right)CV_o = 0 \tag{3.15}$$

したがって

$$V_o = \frac{V_s}{2} \tag{3.16}$$

となる。

　次に，スイッチ S_2 が電圧 V_s を選択し，スイッチ S_1 および S_3 が接地を選択したとき，以下が成り立つ。

$$\frac{C}{4}(V_o - V_s) + \left(\frac{1}{2} + \frac{1}{8} + \frac{1}{8}\right)CV_o = 0 \tag{3.17}$$

したがって

$$V_o = \frac{V_s}{4} \tag{3.18}$$

となる。

　最後に，スイッチ S_3 が電圧 V_s を選択し，スイッチ S_1 および S_2 が接地を選択したとき，以下が成り立つ。

$$\frac{C}{8}(V_o - V_s) + \left(\frac{1}{2} + \frac{1}{4} + \frac{1}{8}\right)CV_o = 0 \tag{3.19}$$

したがって

$$V_o = \frac{V_s}{8} \tag{3.20}$$

となる。この結果から，重ね合わせの理より式 (3.14) が成立する。

3.1.4 電荷保存則とエネルギー保存則

ところで，容量においてはエネルギーの保存則を満たしているのであろうか？ 図3.2においてスイッチを開いているときの全静電エネルギー W_C は

$$W_C = W_{C1} + W_{C2} = \frac{1}{2}C_1V_1^2 + \frac{1}{2}C_2V_2^2 \tag{3.21}$$

であり，スイッチを閉じた後の全静電エネルギー $W_C{}'$ は

$$W_C{}' = W_{C1}{}' + W_{C2}{}' = \frac{1}{2}(C_1 + C_2)\left(\frac{C_1V_1 + C_2V_2}{C_1 + C_2}\right)^2 = \frac{1}{2}\frac{(C_1V_1 + C_2V_2)^2}{C_1 + C_2} \tag{3.22}$$

である。したがって，エネルギー差 ΔW_C は

$$\Delta W_C = W_C{}' - W_C = -\frac{1}{2}\frac{C_1C_2}{C_1 + C_2}(V_1 - V_2)^2 \tag{3.23}$$

となる。つまり，スイッチを閉じて容量を接続する場合は，スイッチを閉じる前の2つの容量の電圧が等しくない限り必ず静電エネルギーが失われる。その大きさは2つの容量の電圧差の2乗に容量 C_1, C_2 を直列接続したときの容量値を掛けたものに等しい。

この回路は容量のようにエネルギーが保存される素子のみを用いても，電荷保存則は成立するがエネルギー保存則は成り立たない，という一見奇妙な結果を与える。このことについて，図3.6 を用いて説明する。

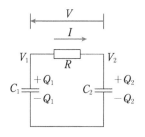

図3.6　容量間に抵抗を挿入した回路

スイッチを閉じたとき，容量間はある大きさの抵抗 R を介して接続されると仮定してもおかしくない。スイッチを閉じたとき，2つの容量の電圧が異なると電荷が移動する。

いま，抵抗 R にかかる電圧 V の方向を図3.6のようにとったとすると，流れる電流は

$$I = \frac{V}{R} \tag{3.24}$$

となる。この電流による微小時間 Δt の間の電荷変化 ΔQ は

$$\Delta Q = -I\Delta t = -\frac{V}{R}\Delta t \tag{3.25}$$

である。この電荷変化による電圧変化 ΔV は，

$$\left.\begin{array}{l} \Delta V = \Delta V_1 - \Delta V_2 = \dfrac{\Delta Q}{C_1} + \dfrac{\Delta Q}{C_2} = \dfrac{\Delta Q}{C} \\[3mm] C = \dfrac{C_1 C_2}{C_1 + C_2} \end{array}\right\} \tag{3.26}$$

となる。ここで，容量 C は容量 C_1 と C_2 の直列容量である。

いま，微小時間 Δt を一定時間として，n 番目の電圧を V_n，微小時間 Δt 経過したときの $n+1$ 番目の電圧を V_{n+1}，このときの電圧変化を ΔV_n，電荷の変化を ΔQ_n とすると，

$$V_{n+1} = V_n + \Delta V_n = V_n + \frac{\Delta Q_n}{C} \tag{3.27}$$

が得られ，式 (3.27) に式 (3.25) を代入すると

$$\left.\begin{array}{l} V_{n+1} = V_n - \dfrac{V_n}{RC}\Delta t = V_n\left(1 - \dfrac{\Delta t}{RC}\right) = V_n\alpha \\[3mm] \alpha = 1 - \dfrac{\Delta t}{RC} < 1 \end{array}\right\} \tag{3.28}$$

となる。また，抵抗 R における n 番目の消費電力 P_n と，n 番目の消費エネルギー W_n は

$$\left.\begin{array}{l} P_n = \dfrac{V_n^2}{R} \\[3mm] W_n = P_n\Delta t \end{array}\right\} \tag{3.29}$$

である。したがって，消費エネルギー W_R は

$$W_R = W_{\_0} + W_{\_1} + W_{\_2} + \cdots + W_{\_n} = \Delta t \left(P_{\_0} + P_{\_1} + P_{\_2} + \cdots + P_{\_n} \right)$$

$$= \frac{\Delta t}{R} \left(V_{\_0}^2 + V_{\_1}^2 + V_{\_2}^2 + \cdots + V_{\_n}^2 \right) = \frac{\Delta t}{R} \left(V_1 - V_2 \right)^2 \left(1 + \alpha^2 + \alpha^4 + \cdots + \alpha^{2n} \right)$$

$$= \frac{\Delta t}{R} \left(V_1 - V_2 \right)^2 \frac{1}{1 - \alpha^2} = \frac{\Delta t}{R} \left(V_1 - V_2 \right)^2 \frac{1}{1 - \left(1 - \frac{\Delta t}{RC} \right)^2} = \frac{\Delta t}{R} \left(V_1 - V_2 \right)^2 \frac{RC}{2\Delta t}$$

$$= \frac{1}{2} C \left(V_1 - V_2 \right)^2 = \frac{1}{2} \frac{C_1 C_2}{C_1 + C_2} \left(V_1 - V_2 \right)^2 \tag{3.30}$$

となる。式 (3.30) において Δt は十分小さくすることで $\left(\dfrac{\Delta t}{RC} \right)^2 \ll \dfrac{\Delta t}{RC}$ が成り立つ。また，ここで以下の無限級数の公式を用いた。

$$\left. \begin{array}{l} 1 + \alpha + \alpha^2 + \cdots + \alpha^n = \dfrac{1}{1 - \alpha} \\ \alpha < 1, \ n = \infty \end{array} \right\} \tag{3.31}$$

したがって，式 (3.30) は式 (3.23) の結果と一致する。この結果は抵抗 R によらないので，どんな状態でも成り立つことがわかる。つまり，電圧の異なる複数の容量を接続するとエネルギーは失われる。

3.1.5　容量の充電に伴うエネルギー損失

ここまでは電荷保存則とエネルギー損失の関係を検討したが，より一般的に容量の充電に伴うエネルギー損失について考えてみる。容量を電源から充電する場合，容量に蓄積されるエネルギーと同量のエネルギーが熱となって失われる。

図 3.7 において，はじめスイッチを開き，このとき容量 C_L に電荷はないものと仮定する。したがって，容量の端子間電圧 V_C も 0 である。次にスイッチを閉じる。回路系の時定数に比べ十分長い時間が経つと，容量 C_L の端子間電圧 V_C は電源の開放電圧 V_o と等しくなる。

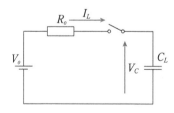

図3.7　容量への充電

このときの電荷移動 ΔQ は

$$\Delta Q = C_L V_o \tag{3.32}$$

であり，電源で消費したエネルギー W_D は

$$W_D = V_o \int_0^\infty I_L \, dt = V_o \Delta Q = C_L V_o^2 \tag{3.33}$$

である。また，容量 C_L に蓄積された静電エネルギー W_C は

$$W_C = \frac{1}{2} C_L V_o^2 \tag{3.34}$$

となる。電源で消費したエネルギーの半分が容量に静電エネルギーとして蓄積され，残りの半分のエネルギーが熱になって消費されることがわかる。

3.1.6　断熱充電

　容量 C_L を電圧 V_o まで充電する際に，いきなり V_o を印加するのではなく，徐々に印加電圧を上げていくことを考えてみる。図3.8にその様子を示す。電圧源は n 分割され，スイッチ S_1 から S_n に向かって順次閉じていくものとする。

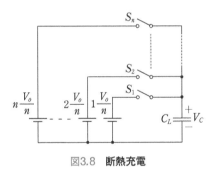

図3.8　**断熱充電**

　スイッチ S_i を閉じた後，S_i を開放し，次に S_{i+1} を閉じたとき，電圧源からの電荷移動 ΔQ は

$$\Delta Q = C_L V_o \left(\frac{i+1}{n} - \frac{i}{n} \right) = C_L \frac{V_o}{n} \tag{3.35}$$

であり，このときに電源が供給したエネルギー $W_{D,i+1}$ は

$$W_{D\_i+1} = \frac{i+1}{n} V_o \cdot C_L \frac{V_o}{n} = C_L \left(\frac{V_o}{n}\right)^2 (i+1) \tag{3.36}$$

である。また，容量で増加した静電エネルギー ΔW_{C_i+1} は

$$\Delta W_{C\_i+1} = \frac{1}{2} C_L \left(\frac{V_o}{n}\right)^2 \{(i+1)^2 - i^2\} = \frac{1}{2} C_L \left(\frac{V_o}{n}\right)^2 (2i+1) \tag{3.37}$$

となる。したがって，このとき失われたエネルギー W_{T_i+1} は

$$W_{T\_i+1} = W_{D\_i+1} - \Delta W_{C\_i+1} = C_L \left(\frac{V_o}{n}\right)^2 \left\{i+1-i-\frac{1}{2}\right\} = \frac{1}{2} C_L \left(\frac{V_o}{n}\right)^2 \tag{3.38}$$

であり，n 回のステップで充電したときに失われる全エネルギー W_T は

$$W_T = \frac{1}{2} C_L \left(\frac{V_o}{n}\right)^2 \cdot n = \frac{1}{2} C_L V_o^2 \frac{1}{n} \tag{3.39}$$

となる。したがって，ステップ数 n を増やすほど失われるエネルギーは少なくなる。このように徐々に電圧を上げて充電することでエネルギー損失を減らす充電を**断熱充電**という。

例3.3

　私たちがパソコン，スマートフォンなどの電子機器で使用している集積回路は CMOS 論理回路と呼ばれるものであり，電源から見た CMOS 回路は図 3.9 に示すスイッチ制御された容量で表すことができる。

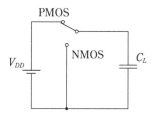

図3.9　電源から見たCMOS論理回路の等価回路

　CMOS 論理回路はクロックに同期して動作しており，クロックの半周期でスイッチは PMOS を選択して容量 C_L を V_{DD} まで充電し，クロックの半周期でスイッチは NMOS

を選択して電荷を放電する。いまクロック周波数 f_{clk} を 100 MHz，電源電圧 V_{DD} を 1.2 V，容量 C_L を 1 nF とする。このときの消費電力 P_D と電源を流れる平均電流 I_{ave} を求める。

1 クロックにおいて電源から供給されるエネルギー W_D は

$$W_D = C_L V_{DD}^2 \tag{3.40}$$

である。したがって，消費電力 P_D は 1 秒間にエネルギーを消費する量なので，

$$P_D = f_{clk} \cdot W_D = f_{clk} \cdot C_L V_{DD}^2 \tag{3.41}$$

となる。また，平均電流 I_{ave} は消費電力 P_D と電源電圧 V_{DD} から

$$I_{ave} = \frac{P_D}{V_{DD}} \tag{3.42}$$

となる。式 (3.41) および式 (3.42) に値をそれぞれ代入すると，消費電力 $P_D = 144$ mW，平均電流 $I_{ave} = 120$ mA になる。

3.2　インダクタ

コイルに鎖交する磁束が時間的に変化するとコイルに**起電力**が生じる。このファラデーにより発見された**電磁誘導**において，レンツはその起電力の向きは磁束の変化を妨げる向きになることを明らかにした。この**レンツの法則**により電磁誘導による起電力の向きは電流の変化を妨げる方向になるので回路に接続されている電源に対しては逆起電力として作用する。このような電磁誘導作用を**インダクタンス**と呼ぶ。この電磁誘導を用いた回路素子が**インダクタ**である。通常，インダクタはループ状の導線を用いている。

3.2.1　電圧・電流・鎖交磁束

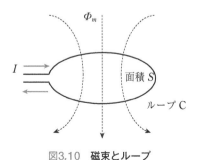

図3.10　磁束とループ

図3.10に**磁束**と**ループ**を示す。ループが電流を流すことができる場合，ループ C に誘起される**起電力**を U，ループ C と鎖交する**磁束**を Φ_m とすると，次の**ノイマンの式**が成り立つ。磁束の単位は Wb（ウェーバ）である。

$$U = -\frac{d\Phi_m}{dt} \tag{3.43}$$

もしループ C に沿って巻数 N の**コイル**があれば，その両端には

$$U = -N\frac{d\Phi_m}{dt} \tag{3.44}$$

の起電力が生じる。

　磁束 Φ_m は**磁束密度** B をループの面積 S で面積分したものであるので，式 (3.43) は

$$U = -\frac{d}{dt}\int_s B \cdot n dS \tag{3.45}$$

になる。ここで，n は面積要素に垂直な単位ベクトル（法線ベクトル）である。ところで，磁束はコイルに電流を流すことで発生させることができる。コイルに電流 I が流れたことによる鎖交磁束が Φ_m であるとき，

$$L = \frac{\Phi_m}{I} \tag{3.46}$$

を**自己インダクタンス**といい，単位は H（ヘンリー）である。したがって，磁束 Φ_m は

$$\Phi_m = LI \tag{3.47}$$

となる。式 (3.43) に式 (3.47) を代入すると，

$$U = -\frac{d\Phi_m}{dt} = -L\frac{dI}{dt} \tag{3.48}$$

が得られ，電流の変化を妨げる方向に起電力が生じることがわかる。図3.11に**インダクタ**の回路記号を示す。

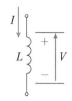

図3.11　**インダクタ**

インダクタを流れる電流 $I(t)$ と，端子に生じる電圧 $V(t)$ を用いて，式 (3.48) を書き直すと，

$$V(t) = L\frac{dI}{dt} \tag{3.49}$$

となるので，インダクタを流れる電流 $I(t)$ は式 (3.49) より

$$I(t) = \frac{1}{L}\left[\int_{t_0}^{t} V(t)\,dt + \varPhi_0\right] = \frac{1}{L}\int_{t_0}^{t} V(t)\,dt + I_0 \tag{3.50}$$

となる。ここで，$\varPhi_0$ は時刻 t_0 における**鎖交磁束数**である。これらの式からインダクタは電圧を変化させても電流値はすぐには変化しないが，短時間で電流を変化させると大きな電圧変化になることがわかる。

3.2.2　鎖交磁束保存則

インダクタを用いるときの不変量つまり保存される量は鎖交磁束数であり，インダクタを用いたスイッチング回路の初期条件を求めるときなどに用いられる。この法則を**鎖交磁束保存則**（鎖交磁束不変則）という。

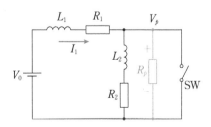

図3.12　**鎖交磁束保存則の適用回路1**

図3.12にその適用回路例を示す。スイッチ SW を閉じてから十分な時間が経っており，インダクタ L_1 を流れる電流 I_1 は V_0/R_1 で与えられるものとする。ここで，寄生抵抗 R_p は無限大としておく。次にスイッチ SW を開いた。スイッチを開いてから時間が十分経過したときの電流 I_∞ は，各素子とも共通で，

$$I_\infty = \frac{V_0}{R_1 + R_2} \tag{3.51}$$

となる。

　では，スイッチを開いたときの電流はどのようになるであろうか？　図3.13にシミュレーション波形を示す。スイッチを開くと，電流はいったん初期電流 I_1' まで急激に変化し，その後，式 (3.51) に示すスイッチオフ時の定常電流に，ある時定数で推移して落ち着く。スイッチを再び閉じるとスイッチオン時の定常電流に，ある時定数で推移して収束する。

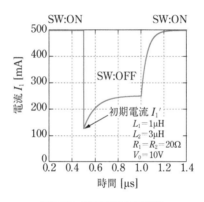

図3.13　適用回路1の電流I_1

　この初期電流 I_1' は鎖交磁束保存則で与えられる。鎖交磁束保存則によれば，スイッチの状態の前後で2つのインダクタの鎖交磁束は保存されるので，

$$I_1 L_1 + 0 \cdot L_2 = I_1'(L_1 + L_2) \tag{3.52}$$

が成り立つ。したがって，初期電流 I_1' は

$$I_1' = \frac{L_1}{L_1 + L_2} I_1 \tag{3.53}$$

で与えられる。シミュレーションに用いた回路では，$V_0 = 10\,\text{V}$, $L_1 = 1\,\mu\text{H}$, $L_2 = 3\,\mu\text{H}$, $R_1 = R_2 = 20\,\Omega$ なので，$I_1 = 10/20 = 0.5\,\text{A}$, $I_1' = 125\,\text{mA}$ になり，シミュレーション結果と一致する。

他の鎖交磁束保存則の適用回路例を図3.14に示す。図においてスイッチ SW を閉じてから，十分長い時間が経ったものとする。このとき，各インダクタに流れる電流 I_1, I_2 は

$$
\left.
\begin{aligned}
I_1 &= \frac{V_0}{R_1} \\
I_2 &= \frac{V_0}{R_2}
\end{aligned}
\right\}
\tag{3.54}
$$

である。

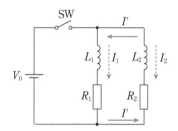

図3.14　鎖交磁束保存則の適用回路2

次にスイッチ SW を開いた。すると，図3.14に示すように電流は各素子に共通に流れる電流 I' になり，それ以降のエネルギー供給がないため，減衰して0になる。ここで，電流 I' を求める。鎖交磁束保存則より，電流の流れる向きを考慮すると，

$$
\begin{aligned}
I_1 L_1 &- I_2 L_2 = I'(L_1 + L_2) \\
\therefore I' &= \frac{I_1 L_1 - I_2 L_2}{L_1 + L_2}
\end{aligned}
\tag{3.55}
$$

となる。

図3.15のシミュレーションに用いた回路では，$V_0 = 10\,\text{V}$, $L_1 = 3\,\mu\text{H}$, $L_2 = 1\,\mu\text{H}$, $R_1 = R_2 = 20\,\Omega$ なので，$I_1 = 10/20 = 500\,\text{mA}$, $I' = 250\,\text{mA}$ になり，式 (3.55) から求めた結果はシミュレーション結果と一致する。ただし，インダクタ L_1 を流れる電流の極性はスイッチを閉じたときと変わらないが，インダクタ L_2 を流れる電流はスイッチを閉じたときとは逆向きになる。したがって，インダクタ L_2 を流れる電流は $+500\,\text{mA}$ から式 (3.55) で与えられる I' と大きさは等しく，極性が異なる $-250\,\text{mA}$ に急激に変化することに注意が必要である。このようにスイッチの切り替えは大幅な電流変化を引き

起こす。通常，インダクタを流れる電流は変化しにくいが，鎖交磁束保存則のため急激に電流が変化することがある。

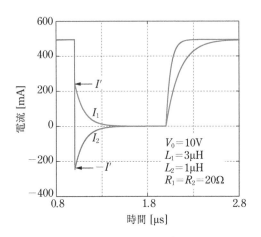

図3.15　適用回路2の電流 I_1, I_2

3.2.3　蓄積エネルギー

インダクタに蓄積された**磁気エネルギー** W_L を求める。電流を $0 \sim I$ になるまで逆起電力に逆らって供給されたエネルギーであるので，

$$W_L = \int UIdt = \int I\frac{d\Phi_m}{dt}dt = \int_0^{\Phi_m} Id\Phi_m = \int_0^I I(LdI) = \frac{1}{2}LI^2 \tag{3.56}$$

になる。インダクタにはエネルギーが蓄積され，抵抗のようにエネルギーを消費しない。

3.2.4　鎖交磁束保存則とエネルギー保存則

鎖交磁束保存則とエネルギー保存則は必ずしも一致しない。図3.12のような回路において，スイッチを閉じインダクタ L_2 に電流が流れないときの磁束のエネルギー W_{L0} は

$$W_{L0} = \frac{1}{2}L_1 I_1^2 \tag{3.57}$$

となる。次にスイッチを開き，インダクタ L_2 に初期電流 I' が流れたときの磁束のエネ

ルギー W_{L1} は，式 (3.53) より

$$W_{L1} = \frac{1}{2} L_1 I'^2 + \frac{1}{2} L_2 I'^2 = \frac{1}{2} (L_1 + L_2) \left(\frac{L_1}{L_1 + L_2} I_1 \right)^2 = \frac{1}{2} \frac{(L_1 I_1)^2}{L_1 + L_2} \tag{3.58}$$

となる。よって，この差は

$$\Delta W_L = W_{L1} - W_{L0} = \frac{1}{2} \frac{(L_1 I_1)^2}{L_1 + L_2} - \frac{1}{2} L_1 I_1^2 = -\frac{1}{2} \left(\frac{L_1 L_2}{L_1 + L_2} \right) I_1^2 \tag{3.59}$$

となることから，エネルギー保存則は必ずしも満たされていない。

このことは次のように説明できる。実際の回路は図3.12に灰色で示すように**寄生抵抗**（漏れ抵抗）R_p が存在する。つまり，インダクタが鎖交磁束保存則を満足させるためには式 (3.59) で示すエネルギーを抵抗に消費させる必要がある。

いま，回路の簡単化のためスイッチ SW を開いた後の等価回路を図3.16に示す。インダクタの初期電流は，スイッチ SW を閉じているときにインダクタ L_1 を流れる電流 I_1 である。

図3.16　スイッチSWを開いた後の等価回路

図3.16において，寄生抵抗 R_p に対するインダクタンスはインダクタ L_1, L_2 が並列に接続されているので，その合成インダクタンス L_p であり

$$L_p = \frac{1}{\dfrac{1}{L_1} + \dfrac{1}{L_2}} = \frac{L_1 L_2}{L_1 + L_2} \tag{3.60}$$

となる。

3.1.4項で示した，容量のエネルギー消失を求めるときの考えと同様に，微小時間 Δt を一定時間として，n 番目の電流を I_n，微小時間 Δt 経過したときの電流を I_{n+1} とすると，

$$I_{n+1} = I_n + \Delta I_n \tag{3.61}$$

が得られる。式 (3.50) より電流 I の極性を考慮して，

$$\Delta I = -\frac{1}{L_p} \int_0^{\Delta t} V_p \, dt = -\frac{V_p}{L_p} \Delta t \tag{3.62}$$

また，n 番目の電圧 V_p を V_{p_n} とすると，

$$V_{p\_n} = I_n R_p \tag{3.63}$$

が得られる。したがって，式 (3.61) は

$$\left. \begin{array}{l} I_{n+1} = I_n + \Delta I_n = I_n - \dfrac{V_{p\_n}}{L_p} \Delta t = I_n \left(1 - \dfrac{R_p}{L_p} \Delta t \right) = I_n \alpha \\[3mm] \alpha = 1 - \dfrac{R_p}{L_p} \Delta t < 1 \end{array} \right\} \tag{3.64}$$

となる。抵抗 R における n 番目の消費電力 P_n と消費エネルギー W_{R_n} は

$$\left. \begin{array}{l} P_n = R_p I_n^2 \\[2mm] W_{R\_n} = P_n \Delta t \end{array} \right\} \tag{3.65}$$

である。したがって，消費エネルギー W_R は

$$\begin{aligned} W_R &= W_{R\_0} + W_{R\_1} + W_{R\_2} + \cdots + W_{R\_n} = \Delta t (P_0 + P_1 + P_2 + \cdots + P_n) \\ &= \Delta t R_p \left(I_{R\_0}^2 + I_{R\_1}^2 + I_{R\_2}^2 + \cdots + I_{R\_n}^2 \right) \\ &= \Delta t R_p I_1^2 \left(1 + \alpha^2 + \alpha^4 + \cdots + \alpha^{2n} \right) \\ &= \Delta t R_p I_1^2 \frac{1}{1 - \alpha^2} = \Delta t R_p I_1^2 \frac{1}{1 - \left(1 - \dfrac{R_p \Delta t}{L_p} \right)^2} \\ &= \Delta t R_p I_1^2 \frac{L_p}{2 R_p \Delta t} = \frac{1}{2} L_p I_1^2 \end{aligned} \tag{3.66}$$

となる。式 (3.60) を用いると式 (3.66) は

$$W_R = \frac{1}{2} L_p I_1^2 = \frac{1}{2} \frac{L_1 L_2}{L_1 + L_2} I_1^2 \tag{3.67}$$

となり，式 (3.59) に示したエネルギー差と一致する。つまり，鎖交磁束保存則を満たすために捨てられるエネルギーは寄生抵抗により熱エネルギーとして消費される。

スイッチ SW を開いた瞬間の寄生抵抗 R_p に発生する電圧 V_i は，インダクタを流れていた電流 I_1 がすべて寄生抵抗 R_p を流れるとすると，

$$V_i = R_p I_1 \tag{3.68}$$

で与えられる。

図 3.12 の回路において $R_p = 10\,\text{k}\Omega$ としたときの V_p の波形を図 3.17 に示す。式 (3.68)

では V_i は 5 kV となるはずであるが，ピーク電圧は 3.6 kV 程度である。これは，現実のインダクタにおいて，寄生抵抗の他に寄生容量が存在し，容量にも電流が流れるのでピーク電圧が低くなるからと考えられる。この例では、スイッチ切り替えから約 300 ps の過渡応答を経て鎖交磁束保存則で定まる電流になる。

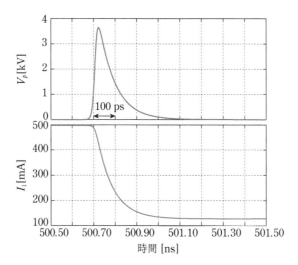

図3.17　スイッチ切り替え時の過渡応答（時間拡大）

インダクタに流れている電流を急に切断すると，電流変化は無限大になるので，高電圧を発生し，ときには火花放電に至ることがある。したがって，値の大きいインダクタの使用にあたっては安全上注意が必要である。このように危険なインダクタであるが，我々の身近なところで役に立っている。図1に示す蛍光灯がそうである。

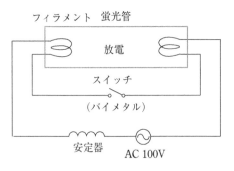

図1 蛍光灯の回路

蛍光灯は点灯時にバイメタルスイッチが閉じており，フィラメントを電流が流れて，フィラメントの温度を上げ，多くの電子が放出しやすくなっている。バイメタルスイッチにも電流が流れ，ある温度に達するとバイメタルが反るためスイッチが開かれる。安定器はインダクタであり，流れる電流により磁気エネルギーが溜まっており，スイッチがオフになると静電エネルギーに変換されて高電圧を発生し，放電が開始され，放電により放出された電子が蛍光管の内壁に塗布された蛍光体に衝突することで光を発生させる。安定器はその後，放電電流を一定に保って安定な放電を維持するように働く。

COLUMN 保存則

容量においては電荷保存則が，インダクタにおいては鎖交磁束保存則が必ず満たされる。エネルギーも条件によっては保存されるが，2つの保存則を同時に満たすことができない場合は電荷保存則や鎖交磁束保存則が優先されるため，エネルギー保存則を満たすことができなくなり，一部のエネルギーは熱エネルギーという形で失われる。

このことは力学においてもみられ，運動の法則で最も優先される保存則は運動量の保存則である。概念上，剛体間の衝突における弾性衝突では運動量とエネルギーの保存が両立し，熱エネルギーは発生しないが，バットでボールを打つ場合には非弾性衝突となり，運動量は保存されるが，エネルギーは保存されず，一部のエネルギーが熱エネルギーとなって失われる。自然界はそのように優先すべき保存則が存在し，ある量の連続性を保証している。

COLUMN　**エネルギーから各回路素子の電圧・電流特性を求める方法**

電気回路では，まず回路素子の電圧・電流特性を明らかにする。例えば，各回路素子を流れる電流 I と発生する電圧は，抵抗の電圧を V_R，容量の電圧を V_C，インダクタの電圧を V_L とすると，以下の式で表される。

$$
\left.\begin{array}{l}
V_R = RI \\[4pt]
V_C = \dfrac{1}{C}\displaystyle\int I\,dt \\[8pt]
V_L = L\dfrac{dI}{dt}
\end{array}\right\}
\tag{1}
$$

ところが，上記の関係をエネルギーから求めることができる。基準として電荷 q を用いると，磁気エネルギーは電流，つまり電荷の動きにより生じるものなので，運動エネルギー T をあてる。

$$
T = \frac{1}{2}LI^2 = \frac{1}{2}L\dot{q}^2
\tag{2}
$$

静電エネルギーは電荷が動かなくても生じるものなので，ポテンシャルエネルギー U をあてる。

$$
U = \frac{1}{2C}q^2
\tag{3}
$$

ラグランジアン L は運動エネルギー T とポテンシャルエネルギー U の差なので

$$
L = \frac{1}{2}L\dot{q}^2 - \frac{1}{2C}q^2
\tag{4}
$$

となる。抵抗で消費されるエネルギーはエネルギー散逸 D をあてる。

$$
D = \frac{1}{2}RI^2 = \frac{1}{2}R\dot{q}^2
\tag{5}
$$

エネルギー散逸 D および外力 V_s を考慮したラグランジュ関数は

$$
\frac{d}{dt}\left(\frac{\partial L}{\partial \dot{q}}\right) - \frac{\partial L}{\partial q} + \frac{\partial D}{\partial \dot{q}} = V_s
\tag{6}
$$

であるので，これより

$$V_R = \frac{\partial D}{\partial \dot{q}} = R\dot{q} = RI$$
$$V_C = -\frac{\partial L}{\partial q} = \frac{q}{C} = \frac{1}{C}\int I dt \left.\right\}$$
$$V_L = \frac{d}{dt}\left(\frac{\partial L}{\partial \dot{q}}\right) = L\ddot{q} = L\frac{dI}{dt}$$

(7)

が得られる。外力 V_s を考慮すると,

$$RI + \frac{1}{C}\int I dt + L\frac{dI}{dt} = V_s \left.\right\}$$
$$V_R + V_C + V_L = V_s$$

(8)

となり,各回路素子の電圧・電流関係とキルヒホッフの電圧則が得られる。エネルギーが先にあって,その関数から各回路素子の電圧・電流関係が導き出されることは,電気回路においても本質を捉える新たな視点を与えてくれるものである。

ラグランジュ関数はエネルギーを基本として「運動方程式」を導くことができる。この考え方は従来,力学系で用いられていたものだが,このように電気系に適用することも可能である。センサやアクチュエータのような機械系と電気系が融合したシステムの解析や設計においては,特に有効な概念であるといえる。

● 演習問題

3.1 図問3.1に示すように,容量 C_1 の初期電荷を0とし,時刻 $t=0$ 以降に電流源から一定電流 I_1 を流し込んだとする。電流源の電流は1 mA,容量は1 mFとする。$t=50$ msにおいて容量に蓄えられている電荷 Q,発生する電圧 V_C,蓄えられている静電エネルギー W_C を求めよ。

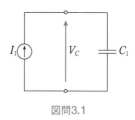

図問3.1

3.2 図問3.2に示すように,はじめスイッチを開いており,容量 C_1 に発生している電圧は V_1,容量 C_2 に発生している電圧は V_2 であった。容量 C_1 は1 μF,容量 C_2 は

$2\,\mu$F，電圧V_1は$2\,$V，電圧V_2は$1\,$Vとする。保存される電荷量Q_t，スイッチを閉じた後の容量の電圧V_C，2つの容量間を移動した電荷ΔQおよび容量から失われたエネルギーΔW_Cを求めよ。

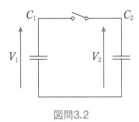

図問3.2

3.3 図問3.3の回路において，はじめスイッチSW_1を閉じており，スイッチSW_2はa側を選択していた。

(1)このとき，ノードNに蓄積されている電荷Qを求めよ。

(2)次にスイッチSW_1を開き，スイッチSW_2はb側を選択した。bの電圧を$-V_1$とするとき，ノードNの電圧V_Nを求めよ。

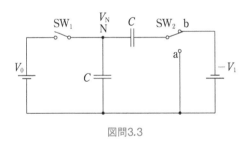

図問3.3

3.4 図問3.4の回路において，はじめスイッチSWは電圧源V_sを選択し，次に容量C_2を選択し，この動作を交互に繰り返すものとする。ただし，各容量の初期電荷は0とする。

(1)スイッチがn回，容量C_2を選択したときの電圧$V_C(n)$を求めよ。

(2) $C_1=2\,$pF，$C_2=8\,$pFのとき，電圧V_CがV_sの99%に達するときのnを求めよ。

(3)スイッチが交互選択の動作を繰り返したとき，電圧V_Cが収束する電圧V_{sat}を求めよ。

(4)スイッチが交互選択の動作を無限回繰り返したとき，電圧源V_sで消費されるエネルギーW_Dを求めよ。

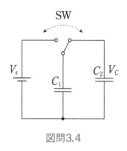

図問3.4

3.5 図問3.5の回路において，電圧源の電圧は1V，インダクタンスは1mHとする。インダクタL_1の初期磁束を0とし，時刻$t=0$で電圧源の電圧V_1を印加したとする。このとき，時刻 $t=50\,\text{ms}$においてインダクタを流れる電流I_L，磁束Φ_m，蓄えられている磁気エネルギーW_Lを求めよ。

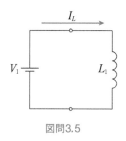

図問3.5

3.6 図問3.6の回路において，$V_0=10\,\text{V}$, $L_1=3\,\mu\text{H}$, $L_2=2\,\mu\text{H}$, $R_1=10\,\Omega$, $R_2=20\,\Omega$とする。

(1) はじめにスイッチSWは閉じられており，インダクタを流れる電流は一定で定常状態にあるとする。このとき，インダクタL_1, L_2を流れる電流I_1, I_2と磁束Φ_{m1}, Φ_{m2}を求めよ。

(2) 次にスイッチを開いた。このとき，鎖交磁束保存則から決まる電流I'を求めよ。

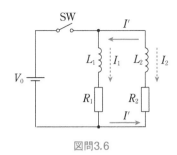

図問3.6

3.7 以下の問いに答えよ。

(1)容量Cの端子間電圧Vと流れる電流Iの関係を微分形式と積分形式で表せ。

(2)インダクタンスLのインダクタの端子間電圧Vと流れる電流Iの関係を微分形式と積分形式で表せ。

(3)容量Cに蓄積される静電エネルギーW_Cを端子間電圧Vと容量値を用いて表せ。

(4)インダクタに蓄積される磁気エネルギーW_Lを流れる電流IとインダクタンスLを用いて表せ。

- 容量の電荷と電圧・電流：容量に蓄積される電荷 Q は，容量値 C に容量の端子間電圧 V を掛けたものである。端子間電圧 V は電荷を容量で割ったものである。蓄積電荷の変化 ΔQ は容量を流れる電流 I の時間積分である。容量を流れる電流 I は蓄積電荷 Q の時間微分，もしくは電圧 V の時間微分に容量値 C を掛けたものである。電流 I は容量に流れ込む向きを正にしている。

$$\left.\begin{array}{l} Q = CV, \quad V = \dfrac{Q}{C} \\[2mm] \Delta Q = \displaystyle\int_0^t I dt \\[2mm] I = \dfrac{dQ}{dt} = C\dfrac{dV}{dt} \end{array}\right\}$$

- 静電エネルギー：容量 C に蓄積される静電エネルギー W_C は，容量値 C に端子間電圧 V の2乗を掛け半分にしたものである。

$$W_C = \frac{1}{2}CV^2$$

- 電荷保存則：容量に蓄積された電荷は保存される。この電荷保存則を満たすために静電エネルギーの一部は熱エネルギーとして消失し，容量の端子間電圧は不連続に変化する。

- インダクタの電圧と電流：インダクタ L の端子間電圧は，流れる電流 I の時間微分にインダクタンス L を掛けたものであり，インダクタを流れる電流の変化 ΔI は，端子間電圧 V を積分しインダクタンス L で割ったものである。インダクタに流れ込む電流を正にしている。

$$V = L\frac{dI}{dt}, \quad I = \frac{1}{L}\int_0^t V dt$$

- 磁気エネルギー：インダクタ L に蓄積される磁気エネルギー W_L は，インダクタに流れる電流 I の2乗を掛け半分にしたものである。

$$W_L = \frac{1}{2}LI^2$$

- 鎖交磁束：鎖交磁束 Φ はインダクタンス L に流れる電流 I を掛けたものである。

$$\Phi = LI$$

- 鎖交磁束保存則：鎖交磁束 Φ は保存される。この鎖交磁束保存則を満たすために磁気エネルギーの一部は熱エネルギーとして消失し，インダクタを流れる電流は不連続に変化する。

第4章

回路素子の基本応答

　回路素子は素子の性質により特徴的な応答を示す。本章では，素子間の組み合わせでエネルギーを与えた後の電圧，電流およびエネルギーがどのように変化するかを見ていく。

　本章では，微分方程式が現れるが，体系的な解法は5章でラプラス変換を用いて解説するとし，本章では高校レベルの数学を用いて解くことを試みる。数学的な正しさよりも回路素子の性質からどのような基本応答になるのかを把握することに重点をおく。

　容量と抵抗の回路やインダクタと抵抗の回路では，微分方程式が1次になり，時定数 τ を係数として時間とともに一定比率で電圧，電流およびエネルギーが減少する。容量とインダクタの回路では微分方程式が2次になり，静電エネルギーと磁気エネルギーがある周期で交互にエネルギー交換を行い，電圧，電流およびエネルギーは周期関数で表される。抵抗と容量とインダクタの回路では静電エネルギーと磁気エネルギーがある周期で交互にエネルギー交換を行うが，抵抗により時間とともに減衰する特性となる。

　以上の考察において，電圧，電流およびエネルギーはすべて時間の指数関数となるが，その係数は基本的に複素数となる。また三角関数と指数関数を結びつけるオイラーの公式がこのような回路素子の性質から導かれることを示す。

4.1　容量と抵抗の回路の時間応答

　図4.1に示すように，**容量 C と抵抗 R** からなる回路において，はじめスイッチ SW を開いている。容量 C に電荷 Q_0 が蓄積され，電圧 V_0 を発生している。時刻 $t=0$ においてスイッチを閉じた。このとき，抵抗 R および容量 C の電圧はどのように変化するであろうか。

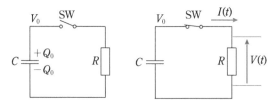

図4.1 容量と抵抗で構成される回路

　スイッチを閉じると，抵抗 R に電圧が印加されるので電流が流れ，容量 C の電荷は流出して減少していく。微小時間 Δt における電荷の変化を ΔQ とすると，以下の関係が成り立つ。

$$\Delta V = \frac{\Delta Q}{C} = -\frac{I \times \Delta t}{C} = -\frac{V}{R}\frac{\Delta t}{C} \tag{4.1}$$

　したがって，

$$\frac{\Delta V}{\Delta t} = \frac{dV}{dt} = -\frac{V}{\tau} \tag{4.2}$$

となる。ここで，$\tau = RC$ である。この式は**微分方程式**であるが，簡単のために，その解を**指数関数**である

$$V(t) = V_0 e^{\lambda t} \tag{4.3}$$

と仮定して，式 (4.2) に代入すると，

$$\frac{dV}{dt} = \lambda V(t) = -\frac{V(t)}{\tau} \tag{4.4}$$

となる。したがって，

$$\left.\begin{array}{l} V(t) = V_0 e^{-\frac{t}{\tau}} \\ \tau = -\dfrac{1}{\lambda} = RC \end{array}\right\} \tag{4.5}$$

と求まる。**静電エネルギー** W_C は

$$W_C(t) = \frac{1}{2}CV(t)^2 = \frac{1}{2}V_0^2 e^{-\frac{2t}{\tau}} \tag{4.6}$$

である。

　図4.2に電圧と静電エネルギーの変化を示す。左図は縦軸の電圧をリニア表示した

もので，右図は対数表示したものである。電圧が対数表示で直線になることから時間とともに一定比率(**等比級数**的)で単調に減少する。容量に蓄積された静電エネルギーは，抵抗において熱エネルギーとなって消失する。τ は**時定数**と呼ばれ，時定数が小さいほど電圧やエネルギーは速く減少する。

スイッチを閉じた瞬間が抵抗に加わる電圧が最も大きいため，最初に流れる電流が最も大きく，このため電圧とエネルギーの減少が大きい。時間が経つと抵抗に加わる電圧が小さくなり，このため流れる電流も小さく，電圧とエネルギーの減少が緩やかになる。

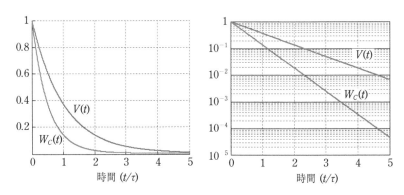

図4.2　**電圧と静電エネルギーの変化**

4.2　インダクタと抵抗の回路の時間応答

図4.3に**インダクタ**と**抵抗**からなる回路を示す。はじめスイッチ SW を閉じてから十分長い時間が経ち，インダクタを流れる電流が定常状態 I_0 に達したとする。

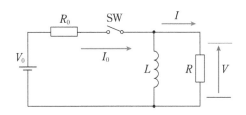

図4.3　**インダクタと抵抗で構成される回路**

次にスイッチ SW を開いた。このとき，抵抗 R に流れる電流 I は鎖交磁束保存則よ

り $I = -I_0$ となり，電圧 V は負になる。インダクタと抵抗の電圧・電流関係は，電流 I の向きを考慮すると，

$$\left.\begin{array}{l} V(t) = -L\dfrac{dI(t)}{dt} \\[2mm] V(t) = RI(t) \end{array}\right\} \tag{4.7}$$

となり，この2つの電圧は等しいので，

$$\left.\begin{array}{l} -L\dfrac{dI(t)}{dt} = RI(t) \\[2mm] \dfrac{dI(t)}{dt} = -\dfrac{R}{L}I(t) = -\dfrac{I(t)}{\tau} \end{array}\right\} \tag{4.8}$$

である。ここで，$\tau = \dfrac{L}{R}$ である。したがって，容量と抵抗の回路と同様に

$$\left.\begin{array}{l} I(t) = -I_0 e^{-\frac{t}{\tau}} \\[2mm] V(t) = RI = -RI_0 e^{-\frac{t}{\tau}} \end{array}\right\} \tag{4.9}$$

となる。このため，電圧と電流は時間とともに指数関数的に単調減少する特性となる。この場合もインダクタに蓄えられた**磁気エネルギー**が，抵抗において熱エネルギーとして消失する。

4.3　容量とインダクタの回路の時間応答

4.3.1　電圧・電流の時間応答

　図4.4に**容量**と**インダクタ**からなる回路を示す。はじめスイッチ SW を開いているものとする。容量 C には電荷 Q_0 が蓄積されており，発生電圧は V_0 とする。

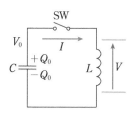

図4.4　容量とインダクタで構成される回路

　次にスイッチ SW を閉じた。容量 C からインダクタ L に流れる電流を I，インダク

タと容量の共通電圧を V とすると，次の方程式が容量側とインダクタ側で成り立つ。

$$\left.\begin{array}{l} I(t) = -C\dfrac{dV(t)}{dt} \\ I(t) = \dfrac{1}{L}\displaystyle\int V(t)\,dt \end{array}\right\} \tag{4.10}$$

この2つの電流は等しいので

$$-C\frac{dV(t)}{dt} = \frac{1}{L}\int V(t)\,dt \tag{4.11}$$

となり，両辺を微分すると，

$$-\frac{d^2 V(t)}{dt^2} = \frac{1}{LC}V(t) \tag{4.12}$$

となる。解として**指数関数**を仮定すると，

$$V(t) = A_0 e^{\lambda t} \tag{4.13}$$

したがって，式 (4.12) は

$$-\frac{d^2 V(t)}{dt^2} = -\lambda^2 A_0 e^{\lambda t} = \frac{1}{LC}V(t) = \frac{1}{LC}A_0 e^{\lambda t} \tag{4.14}$$

となる。ここで，

$$\lambda = \pm\sqrt{\frac{-1}{LC}} = \pm\frac{j}{\sqrt{LC}} \tag{4.15}$$

である。j は**虚数単位**を表す。数学では虚数単位は i で表すが，電気工学の分野では i は電流を表すため，j を用いる。したがって解は，2つの解を線形加算して，

$$\left.\begin{array}{l} V(t) = A_0\left(e^{j\omega t} + e^{-j\omega t}\right) \\ \omega = \dfrac{1}{\sqrt{LC}} \end{array}\right\} \tag{4.16}$$

となる。ここで ω は**角周波数**を表す。$V(0) = V_0$ なので，

$$V(t) = V_0\left(\frac{e^{j\omega t} + e^{-j\omega t}}{2}\right) \tag{4.17}$$

となる。

次に電流 I を求める。式 (4.17) を式 (4.10) に代入すると，

$$I(t) = -C\frac{dV(t)}{dt} = -CV_0 j\omega\left(\frac{e^{j\omega t} - e^{-j\omega t}}{2}\right) = \sqrt{\frac{C}{L}}\,V_0\left(\frac{e^{j\omega t} - e^{-j\omega t}}{2j}\right) \quad (4.18)$$

と表すことができる。

次に，解として次の**三角関数**を仮定して微分方程式を解いてみる。

$$V(t) = A_0\cos(\omega't + \phi_0) \quad (4.19)$$

とおく。すると式 (4.12) は，

$$-\frac{d^2 V(t)}{dt^2} = \omega'^2 A_0\cos(\omega't + \phi_0) = \frac{1}{LC}V(t) = \frac{1}{LC}A_0\cos(\omega't + \phi_0) \quad (4.20)$$

となる。ここで，

$$\omega' = \omega = \pm\frac{1}{\sqrt{LC}} \quad (4.21)$$

である。したがって，$V(0) = V_0$ なので，$\phi_0 = 0$ であり，$\cos\omega t = \cos(-\omega t)$ の性質を用いて，

$$V(t) = V_0\cos\omega t \quad (4.22)$$

となる。電流 $I(t)$ は式 (4.22) を式 (4.10) に代入すると，

$$I(t) = -C\frac{dV(t)}{dt} = C\omega V_0\sin\omega t = \sqrt{\frac{C}{L}}\,V_0\sin\omega t \quad (4.23)$$

となる。このように指数関数でも三角関数でも求められるが，この2つの解は本来同じものであるので，次式が成り立つ。

$$\left.\begin{array}{l} \dfrac{e^{j\omega t} + e^{-j\omega t}}{2} = \cos\omega t \\[2mm] \dfrac{e^{j\omega t} - e^{-j\omega t}}{2j} = \sin\omega t \end{array}\right\} \quad (4.24)$$

したがって，

$$\left.\begin{array}{l} e^{j\omega t} + e^{-j\omega t} = 2\cos\omega t \\[1mm] e^{j\omega t} - e^{-j\omega t} = 2j\sin\omega t \end{array}\right\} \quad (4.25)$$

となり，両辺を加算すると，

$$e^{j\omega t} = \cos\omega t + j\sin\omega t \quad (4.26)$$

が得られ，指数関数と三角関数が結びついた。この式は工学上最も重要な公式といわ

れている**オイラーの公式**である。

　オイラーの公式は，図**4.5** に示すように**複素数の極形式表現**を用いて理解することができる。式 (4.26) を一般的に示すと，

$$e^{j\theta} = \cos\theta + j\sin\theta \tag{4.27}$$

で表される。これは複素平面上において絶対値が1で，角度 θ の点を表す。その実数成分が $\cos\theta$ で，虚数成分が $\sin\theta$ である。$\sqrt{\cos^2\theta + \sin^2\theta}$ は1であるので，大きさが1であることを表している。

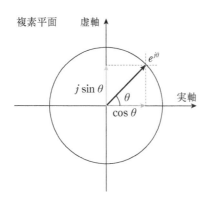

図4.5　**複素数の極形式表現**

　LC 回路の電圧・電流の変化は図 **4.6** に示すように，位相 θ の回転速度が ω で与えられる等速円運動を行う回転体で，水平軸方向への投影が電圧を，垂直軸方向への投影が電流を表している。

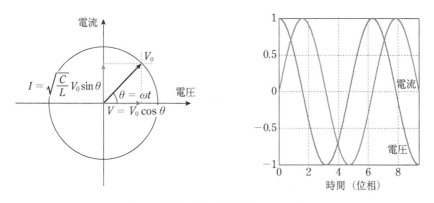

図4.6　**LC回路の電圧・電流の時間変化**

4.3.2 静電エネルギーと磁気エネルギーの交換

LC 回路では，その電圧と電流が一定の周波数で周期的な値をとり，その位相は 90°異なっており，一方が余弦関数の場合，他方は正弦関数となる。この現象は静電エネルギーと磁気エネルギーが周期的に交換し合うことから理解できる。

いま，**静電エネルギー** W_C を求めると，式 (4.22) より，

$$W_C = \frac{1}{2}CV^2 = \frac{1}{2}CV_0^2\cos^2\omega t = \frac{1}{4}CV_0^2\,(1 + \cos 2\omega t) \tag{4.28}$$

となる。**磁気エネルギー** W_L は式 (4.23) より

$$W_L = \frac{1}{2}LI^2 = \frac{1}{2}CV_0^2\sin^2\omega t = \frac{1}{4}CV_0^2\,(1 - \cos 2\omega t) \tag{4.29}$$

となる。これより静電エネルギーと磁気エネルギーを足した全エネルギーは容量に最初に与えられたエネルギーに等しく，

$$W_C + W_L = \frac{1}{2}CV_0^2 \tag{4.30}$$

となる。

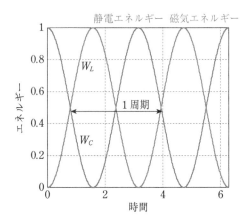

図4.7　静電エネルギーW_Cと磁気エネルギーW_Lの時間変化

図 4.7 に静電エネルギー W_C と磁気エネルギー W_L の時間変化を示す。静電エネルギー W_C と磁気エネルギー W_L は周期的に交換している。静電エネルギーが最大のときに磁気エネルギーは最小，静電エネルギーが最小のときに，磁気エネルギーは最大になる。

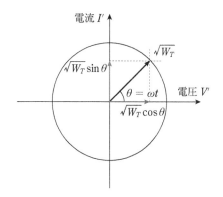

図4.8　エネルギーを用いて表した電圧と電流

　エネルギーの観点から図4.6を書き換えたものが図4.8である。W_Tは静電エネルギーW_Cと磁気エネルギーW_Lの総和を表し，電圧と電流は周期的に変化することを示している。ただし，電圧・電流の値そのものは次のように算出される。電圧$V(t)$は式 (4.22)より$V(t) = V_0 \cos \omega t$となるので，最大の静電エネルギーは

$$W_{C\_max} = \frac{1}{2} C V_0^2 \tag{4.31}$$

である。これが磁気エネルギーW_Tに等しいので，

$$V_0 = \sqrt{\frac{2W_T}{C}} \tag{4.32}$$

となる。

　一方，電流$I(t)$は式 (4.23) より

$$I(t) = \sqrt{\frac{C}{L}} V_0 \sin \omega t = I_0 \sin \omega t$$

となるので，式 (4.32) より

$$I_0 = \sqrt{\frac{2W_T}{L}} \tag{4.33}$$

となる。これより電圧V_0と電流I_0の比率であるインピーダンスZ_0は，

$$Z_0 = \frac{V_0}{I_0} = \sqrt{\frac{L}{C}} \tag{4.34}$$

となり，この大きさはインダクタンス L と容量 C の比率の平方根で決まる。同一エネルギーであれば，容量が大きいほど電圧は低くなり，電流は大きくなる。またインダクタンスが大きいほど電圧は高くなり，電流は小さくなる。

COLUMN　**オイラーの公式の数学的な証明**

　一般的なオイラーの公式の数学的な証明にはテイラー展開を用いる。$\cos x$ と $\sin x$ をテイラー展開すると，

$$\cos x = 1 - \frac{x^2}{2!} + \frac{x^4}{4!} - \frac{x^6}{6!} + \cdots \tag{1}$$

$$\sin x = x - \frac{x^3}{3!} + \frac{x^5}{5!} - \frac{x^7}{7!} + \cdots \tag{2}$$

となり，指数関数 e^x をテイラー展開すると

$$e^x = 1 + x + \frac{x^2}{2!} + \frac{x^3}{3!} + \frac{x^4}{4!} + \frac{x^5}{5!} + \frac{x^6}{6!} + \frac{x^7}{7!} + \cdots \tag{3}$$

となる。ここで，$x \to jx$ に置き換えると，

$$e^{jx} = 1 + jx - \frac{x^2}{2!} - j\frac{x^3}{3!} + \frac{x^4}{4!} + j\frac{x^5}{5!} - \frac{x^6}{6!} - j\frac{x^7}{7!} + \cdots \tag{4}$$

である。したがって，実数項と虚数項を整理すると

$$e^{jx} = \left(1 - \frac{x^2}{2!} + \frac{x^4}{4!} - \frac{x^6}{6!} + \cdots\right) + j\left(x - \frac{x^3}{3!} + \frac{x^5}{5!} - \frac{x^7}{7!} + \cdots\right) \tag{5}$$

となり，これより

$$e^{jx} = \cos x + j\sin x \tag{6}$$

が得られる。

　数学的な証明は以上だが，この証明方法では物理的な意味をつかむことは難しい。理解のためには，本章で述べたように，容量とインダクタンスの電気的性質を理解し，この式が意味する物理的なイメージを持つことが重要である。

4.4　容量とインダクタと抵抗の回路の時間応答

容量とインダクタと抵抗からなる回路の時間応答を考える。はじめ図 4.9 に示すように，各素子に共通の電圧が印加される回路を考える。

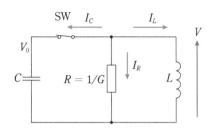

図4.9　**容量とインダクタと抵抗で構成される回路**

初期状態としてスイッチ SW を開いているものとする。容量 C には電荷が溜まっており，初期電圧を V_0 とする。次にスイッチ SW を閉じると，各素子に電流が流れるが，容量とインダクタと抵抗に流れ込む電流をそれぞれ I_C, I_L, I_R とすると，電流連続の法則（キルヒホッフの電流則）から次式が成り立つ。

$$I_C + I_L + I_R = 0 \tag{4.35}$$

また，各素子の電圧 V は同一であり，素子の性質より，

$$\left.\begin{array}{l} I_C = C \dfrac{dV}{dt} \\[2mm] I_R = GV \\[2mm] I_L = \dfrac{1}{L}\displaystyle\int V dt \end{array}\right\} \tag{4.36}$$

が得られ，これを式 (4.35) に代入すると，

$$C\frac{dV}{dt} + GV + \frac{1}{L}\int V dt = 0 \tag{4.37}$$

となる。次に式 (4.37) をさらに微分して，

$$C\frac{d^2 V}{dt^2} + G\frac{dV}{dt} + \frac{V}{L} = 0 \tag{4.38}$$

が得られる。解の形として $V(t) = A_0 e^{\lambda t}$ を仮定すると，

$$\left.\begin{array}{l} \dfrac{dV}{dt} = \lambda V \\[2mm] \dfrac{d^2 V}{dt^2} = \lambda^2 V \end{array}\right\} \tag{4.39}$$

であるので，式 (4.38) は

$$C\lambda^2 + G\lambda + \frac{1}{L} = 0 \tag{4.40}$$

となる。これより，**2次方程式の根**を求めると，

$$\lambda_{1,2} = \frac{-G \pm \sqrt{G^2 - 4\dfrac{C}{L}}}{2C} \tag{4.41}$$

となる。$G^2 < 4\dfrac{C}{L}$ のとき式 (4.41) は，

$$\lambda_{1,2} = \frac{-G \pm j\sqrt{4\dfrac{C}{L} - G^2}}{2C} \tag{4.42}$$

となり，**複素根**となる。したがって解は

$$V(t) = A_0 e^{-\frac{G}{2C}t}\left(e^{j\frac{\sqrt{4\frac{C}{L} - G^2}}{2C}t} + e^{-j\frac{\sqrt{4\frac{C}{L} - G^2}}{2C}t} \right) \tag{4.43}$$

で与えられる。$V(0) = V_0$ なので，$A_0 = \dfrac{V_0}{2}$ である。したがって，式 (4.43) は

$$V(t) = \frac{V_0}{2} e^{-\frac{G}{2C}t}\left(e^{j\frac{\sqrt{4\frac{C}{L} - G^2}}{2C}t} + e^{-j\frac{\sqrt{4\frac{C}{L} - G^2}}{2C}t} \right) = V_0 e^{-\frac{G}{2C}t}\cos\frac{\sqrt{4\dfrac{C}{L} - G^2}}{2C}t$$
$$\tag{4.44}$$

となる。式 (4.44) を整理すると，

$$V(t) = V_0 e^{\sigma t}\cos\omega_p t \tag{4.45}$$

となり，ここで，

$$\left.\begin{array}{l} \sigma = -\dfrac{G}{2C} \\[3mm] \omega_p = \dfrac{\sqrt{4\dfrac{C}{L} - G^2}}{2C} \end{array}\right\} \tag{4.46}$$

である。式 (4.45) の $e^{\sigma t}$ は時間とともに単調減少する項を表し，$\cos\omega_p t$ は**振動**する項を表している。

　図4.10に平方根の中が正の値を持つ実根の場合と平方根の中が負の値を持つ複素根の場合の時間応答波形を示す。実根の場合，電圧は急激に減少し**振動成分**は現れないが，複素根の場合は振動しながら減衰していく。コンダクタンスGが大きい，つまり抵抗Rが小さい場合は抵抗に電圧がかかると，大きな電流が流れエネルギー消費が大きくなるので，系のエネルギーは急激に失われていく。

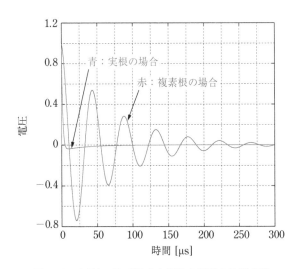

図4.10　**容量とインダクタと抵抗の回路の時間応答**

　図4.11は振動しながら減衰する**減衰振動**時の複素平面の動きをプロットしたものである。時間とともに位相を回転させながら絶対値が減少していく様子がわかる。

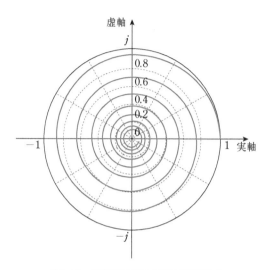

図4.11　減衰振動時の複素平面の動き

　ここまでは容量，インダクタ，抵抗が並列に接続されている場合を扱ったが，直列接続ではどうなるであろうか。図4.12に容量，インダクタ，抵抗が直列に接続されている回路を示す。はじめスイッチを閉じておりインダクタの電圧は0，電流は $I_0 = V_0/R_0$ である。

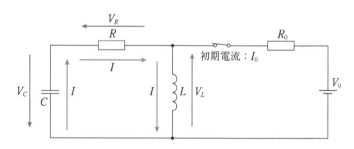

図4.12　容量，インダクタ，抵抗が直列に接続されている回路

　各素子に共通の電流が流れる回路を考える。この回路においては，各素子を流れる電流は等しく，キルヒホッフの電圧則から次式が成り立つ。

$$V_C + V_L + V_R = 0 \tag{4.47}$$

$$
\left.\begin{array}{l}
V_C = \dfrac{1}{C} \displaystyle\int I dt \\[2mm]
V_R = RI \\[2mm]
V_L = L \dfrac{dI}{dt}
\end{array}\right\} \tag{4.48}
$$

したがって，

$$
\frac{1}{C}\int I dt + RI + L\frac{dI}{dt} = 0 \tag{4.49}
$$

$$
\frac{I}{C} + R\frac{dI}{dt} + L\frac{d^2 I}{dt^2} = 0 \tag{4.50}
$$

となる。解の形として $I(t) = A_0 e^{\lambda t}$ を仮定すると，

$$
L\lambda^2 + R\lambda + \frac{1}{C} = 0 \tag{4.51}
$$

が得られ，これより，

$$
\lambda_{1,2} = \frac{-R \pm \sqrt{R^2 - 4\dfrac{L}{C}}}{2L} \tag{4.52}
$$

である。初期電流は $t=0$ で I_0 なので，

$$
I(t) = \frac{I_0}{2}\left(e^{\lambda_1 t} + e^{\lambda_2 t}\right) \tag{4.53}
$$

となる。式 (4.52) から**振動成分**が現れるのは，

$$
R^2 < 4\frac{L}{C} \tag{4.54}
$$

のときである。

　以上より，電気回路の応答は**微分方程式の根**により決まるといえる。図4.13は**根の位置**と時間応答を表している。図4.9に示した回路では根の位置は回路定数に対して図のように表される。

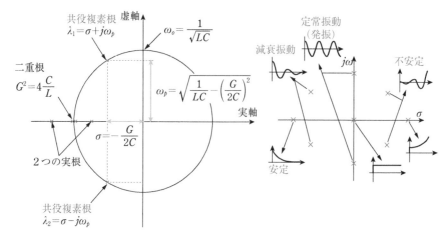

図4.13　根の位置と時間応答

　根の実数部が負の場合は時間とともにエネルギーが減少する応答となり，負の実根の場合は単調減少する応答となる。虚数成分を持つ場合は振動成分が現れる。**共役複素根**はパラメータに応じて共振角周波数 ω_o を半径とする単位円上を移動する。

　このように電気回路の3つの素子である，抵抗，容量，インダクタを結合させた回路の応答は指数関数で表され，複素平面上の根の位置により，根が実軸上にある場合は単調減少となり，根が共役複素根の場合は振動しながら減少する。抵抗が存在しないときは**定常振動**となり，一定の周波数で振動する。

　5章では電気回路に現れる微分方程式を解くためにラプラス変換を用いるが，ラプラス変換により得られた方程式のポールにより，回路の応答が決まる。ラプラス変換におけるポールは図4.13に示した根に相当している。

　なお，回路素子の特性から導かれる基本応答を考察することが本章の目的であるので，式 (4.40) や式 (4.51) において2次の微分方程式の根が実根である場合についての応答は煩雑になるので詳しく述べなかった。このことは6章において述べる。

　本章では回路素子の組み合わせによって，エネルギーを与えた後の電圧，電流，エネルギーがどのように変化するかを見てきた。いずれの場合も指数関数の応答となり，抵抗と容量，抵抗とインダクタの組み合わせでは，一定の時定数 τ で時間とともに指数関数的に一定比率で減少する応答となる。容量とインダクタの組み合わせでは静電エネルギーと磁気エネルギーの交換が起こり，電圧・電流や各エネルギーは周期的に**振動**する。この場合の関数は虚数の指数関数となる。このことは複素平面上で一定の大きさで回転する円を実軸および虚軸へ投影したものが電圧もしくは電流となり，そ

れぞれが余弦関数もしくは正弦関数という周期関数で表されるようになることを意味する。容量，インダクタ，および抵抗の組み合わせでは静電エネルギーと磁気エネルギーが交換しながら減衰する特性となり，この場合の関数は複素数の指数関数となり，振動しながら指数的に減衰する。

　電気回路では複素数と指数関数が使われるが，これはただ単にそれが数学的な取り扱いが便利であるというだけでなく，回路素子である，抵抗，容量，インダクタの電気的な性質から必然的に導かれるものであることを理解していただきたい。

COLUMN　**2 つのインピーダンス**

　電圧と電流の関係を決めるものがインピーダンスであり，このインピーダンスが虚数成分を含まず，実数になるものが抵抗である。したがって抵抗が電圧と電流の関係を決めるものと思ってきたが，式 (4.34) に示すように，容量とインダクタからなる回路において，静電エネルギーと磁気エネルギーの交換において発生する電圧と電流の関係を決めているのもインピーダンスである。このときのインピーダンスも虚数成分を含まない実数であり，その値は Z_0 であり，$\sqrt{\dfrac{L}{C}}$ で与えられる。インダクタンスが大きいほどインピーダンスは大きく，同一エネルギーで大きな電圧を発生し，流れる電流は小さくなる。逆に容量が大きいほど流れる電流は大きくなり，電圧は小さくなる。

　ところで，図 4.9 に示す RLC の並列接続回路では電圧・電流を決めているのは LC なのだろうか？　それとも抵抗 R だろうか？　並列接続回路ではインピーダンスが低い素子が全体のインピーダンスを決めるという性質がある。振動成分が発生するのは式 (4.41) に示した 2 次方程式の平方根の中身が負の場合であり，その条件は $G^2 < 4\dfrac{C}{L}$ である。この条件は $R > \dfrac{1}{2}\sqrt{\dfrac{L}{C}}$ でもあり，抵抗 R がインピーダンス Z_0 の半分以上で振動成分が現れることを意味している。

● 演習問題

4.1 図問4.1 に示す容量と抵抗からなる回路において，はじめスイッチSWを開いており，容量Cには電圧V_0が発生している。

(1) $t=0$でスイッチを閉じた後の容量の電圧を時間の関数で表せ。

(2)容量Cが$1\,\mu$F，抵抗Rが$2\,$kΩのときの時定数を求めよ。

(3)この時定数のとき，電圧が初期電圧の1/10になる時間を求めよ。

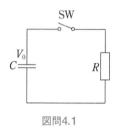

図問4.1

4.2 図問4.2の回路において，電圧V_0は$10\,$V，抵抗R_0は$20\,$Ω，抵抗Rは$1\,$kΩ，インダクタLは$5\,\mu$Hとする。はじめスイッチSWを閉じており，インダクタLには電流I_0が流れている。時刻$t=0$でスイッチを開いた後のインダクタを流れる電流I_Lとインダクタの電圧V_Lを時間の関数で表し，数値を入れよ。また時定数τを求めよ。

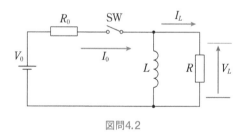

図問4.2

4.3 図問4.3に示す容量とインダクタからなる回路において，はじめスイッチSWを開いており，容量には電荷が蓄積され，電圧V_0が発生している。また，インダクタLを流れる電流は0であったとする。時刻$t=0$でスイッチを閉じた。容量からインダクタに向けて電流Iが流れた。容量とインダクタの共通電圧をVとする。また容量値をC，インダクタンスをLとする。

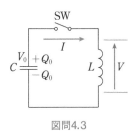

図問4.3

(1)この状態での容量を流れる電流$I(t)$を電圧$V(t)$で表せ（電流の方向を考えること）。

(2)この状態でのインダクタを流れる電流$I(t)$を電圧$V(t)$で表せ。

(3)容量を流れる電流とインダクタを流れる電流は等しいとして，電圧Vに関する微分方程式を導け。

(4)微分方程式の解を$V(t) = A\cos\omega t$と仮定し，Aとωを求め，$V(t)$を導出せよ。

(5)電流$I(t)$を求めよ。

(6)静電エネルギーW_Cと磁気エネルギーW_Lを求めよ。

(7)静電エネルギーW_Cと磁気エネルギーW_Lの和を求めよ。

4.4　図問4.4に示す容量とインダクタ，抵抗からなる回路において，はじめスイッチSWを開いており，容量には電荷が蓄積され電圧V_0が発生している。また，インダクタLを流れる電流は0であったとする。時刻$t=0$でスイッチを閉じた。

(1)インダクタ$L=100$ nH，容量$C=100$ pFで抵抗Rが十分に高く，信号減衰を無視してよいとき，電圧および電流は振動する。このときの周波数を求めよ。

(2)インダクタ$L=100$ nH，容量$C=100$ pFのとき，抵抗Rをどのように設定すれば振動成分が発生しないか。

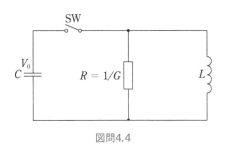

図問4.4

4.5 以下の問いに答えよ。

(1)指数関数を用いて，$\cos\omega t$ を表せ。

(2)指数関数を用いて，$\sin\omega t$ を表せ。

(3)三角関数を用いて，$e^{j\omega t}$ を表せ。

本章のまとめ

・**容量と抵抗の回路の時間応答**：静電エネルギーが時間とともに抵抗Rで熱エネルギーに変わっていく。電圧・電流は負の実数の指数関数となり，電圧Vと抵抗を流れる電流Iは$\tau = RC$の時定数で時間とともに指数関数的に減衰する。

$$\left. \begin{array}{l} V(t) = V_0 e^{-\frac{t}{\tau}} \\ I(t) = I_0 e^{-\frac{t}{\tau}} \end{array} \right\}$$

・**インダクタと抵抗の回路の時間応答**：磁気エネルギーが時間とともに抵抗で熱エネルギーに変わっていく。電圧・電流は負の実数の指数関数となり，電圧Vと抵抗を流れる電流Iは $\tau = \dfrac{L}{R}$ の時定数で時間とともに指数関数的に減衰する。

$$\left. \begin{array}{l} V(t) = V_0 e^{-\frac{t}{\tau}} \\ I(t) = I_0 e^{-\frac{t}{\tau}} \end{array} \right\}$$

・**容量とインダクタの回路の時間応答**：静電エネルギーと磁気エネルギーの交換が起こり，電圧・電流は虚数の指数関数となり，電圧Vと電流Iは $\omega = \dfrac{1}{\sqrt{LC}}$ の角周波数で周期的に振動する。回路の電圧をV，インダクタを流れる電流をIとすると，以下となる。

$$\left. \begin{array}{l} V(t) = V_0 \left(\dfrac{e^{j\omega t} + e^{-j\omega t}}{2} \right) = V_0 \cos \omega t \\ I(t) = \sqrt{\dfrac{C}{L}} V_0 \left(\dfrac{e^{j\omega t} - e^{-j\omega t}}{2j} \right) = \sqrt{\dfrac{C}{L}} V_0 \sin \omega t \end{array} \right\}$$

・**オイラーの公式**：三角関数と指数関数を結びつける重要公式。容量とインダクタの時間応答を，指数関数を用いて解いたものと，三角関数を用いて解いたものが一致するとおくと導出できる。また，複素平面上で一定の大きさで回転する円を実軸および虚軸へ投影したものが電圧もしくは電流となり，それぞれが余弦関数もしくは正弦関数という周期関数で表されるようになることを意味する。

$$e^{j\omega t} = \cos \omega t + j \sin \omega t$$

一般的には，以下となる。

$$\left.\begin{array}{l} e^{j\theta} = \cos\theta + j\sin\theta \\ \cos\theta = \dfrac{e^{j\theta} + e^{-j\theta}}{2} \\ \sin\theta = \dfrac{e^{j\theta} - e^{-j\theta}}{2j} \end{array}\right\}$$

・容量，インダクタおよび抵抗の回路の時間応答：静電エネルギーと磁気エネルギーが時間とともに抵抗で熱エネルギーに変わっていく。肩が複素数の指数関数となり，電圧と電流は振動しながら減衰する。ここで，$\sigma < 0$である。

$$V(t) = V_0 \frac{e^{(\sigma+j\omega)t} + e^{(\sigma-j\omega)t}}{2} = V_0 e^{\sigma t}\cos\omega t$$

・根の位置：応答は複素平面上の根の位置で決定される。

根の実数部が負の場合：エネルギーが時間とともに減少する。

根の実数部が正の場合：エネルギーが時間とともに増大する。

虚数部がゼロの場合：振動成分を持たない。

虚数部がゼロでない場合：共役複素根となり，振動成分を持つ。

第5章
微分方程式とラプラス変換

　容量やインダクタを用いる回路では，電圧・電流特性が微分方程式で表されるので，回路の応答を求めるためには微分方程式を解く必要がある。ラプラス変換は時間領域の関数を s 領域の関数に変換するもので，ラプラス変換により微分方程式は代数方程式に変換される。一度ラプラス変換されると時間応答のみならず周波数応答も容易に求めることができるようになる。また，伝達関数のポールの位置により，システムの安定性も判断することが可能になる。ラプラス変換は電気回路のみならず幅広い工学分野で必要なものなので，本章で簡潔に説明する。

5.1 微分方程式

　電気回路の回路素子のうち，容量とインダクタの電圧・電流の関係は，単純な比例関係ではなく微分もしくは積分の関係にあるため，これらの素子を含む回路のふるまいを求めるためには**微分方程式**を解く必要がある。

　図5.1のような，抵抗と容量が直列接続された回路に電圧 V_0 を加えたときの応答を求めてみる。

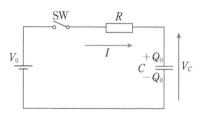

図5.1 *RC回路*

　時刻 $t = 0$ でスイッチ SW を閉じたとすると，以下の方程式が成り立つ。

$$V_0 = RI(t) + \frac{1}{C}\left[\int_0^t I(t)\,dt + Q_0\right] \tag{5.1}$$

このままでは解きにくいので，

$$I(t) = \frac{dQ}{dt} = C\frac{dV_C}{dt} \tag{5.2}$$

を用いると，式 (5.1) は，

$$RC\frac{dV_C}{dt} + V_C = V_0 - \frac{Q_0}{C} \tag{5.3}$$

となる。

　ここで，以下のような線形微分方程式の場合，

$$A_n\frac{d^n y}{dt^n} + A_{n-1}\frac{d^{n-1}y}{dt^{n-1}} + \cdots + A_0 y = f(t) \tag{5.4}$$

その解は右辺を 0 としたときの解（これを**基本解**という）と，右辺を考慮したときの解（これを**特殊解**という）の和（これを**一般解**という）になる。

　基本解は，

$$y = c_1 e^{h_1 t} + c_2 e^{h_2 t} + \cdots + c_n e^{h_n t} \tag{5.5}$$

となり，その定数は初期条件により決定される。

　特殊解は式 (5.4) 右辺の関数 $f(t)$ と同一形式の関数となり，定数，n 乗の多項式，指数関数，三角関数などになる。

　そこで，式 (5.3) の基本解を

$$V_C(t) = c_1 e^{h_1 t} \tag{5.6}$$

とおき，これを式 (5.3) に代入し，右辺を 0 とすると，

$$\left. \begin{array}{l} (RCh_1 + 1)c_1 e^{h_1 t} = 0 \\ \therefore h_1 = -\frac{1}{RC} \end{array} \right\} \tag{5.7}$$

が得られる。一般解はこれに定数 A を加え，

$$V_C(t) = c_1 e^{-\frac{t}{RC}} + A \tag{5.8}$$

となり，$t=0$ において $V_C = \frac{Q_0}{C}$，$t = \infty$ において $V_C = V_0$ なので，

$$V_C(t) = V_0\left(1 - e^{-\frac{t}{RC}}\right) + \frac{Q_0}{C} e^{-\frac{t}{RC}} \tag{5.9}$$

と求められる。

5.2　ラプラス変換

　電気回路は基本的に微分方程式で表されるので，時間的なふるまいを解析するには微分方程式を解けばよい。しかし，複雑な回路において初期値を考慮しながら微分方程式を解くのは大変困難である。だが幸いなことに，**ラプラス変換**を用いれば，微分方程式を簡単な代数方程式に変換でき，より体系的に解くことができる。

　連続時間信号 $f(t)$ のラプラス変換 $F(s)$ は，

$$F(s) = \mathcal{L}[f(t)] = \int_0^\infty f(t)\, e^{-st}\, dt \tag{5.10}$$

で与えられる。ここで s は複素数である。代表的な関数に対するラプラス変換を求め，相互の対応関係を表す**ラプラス変換対**を作成する。

5.2.1　単位ステップ関数

　単位ステップ関数 $u(t)$ は，図 5.2 に示すように，ある回路系にてスイッチを閉じて一定電圧を加える場合などに用いられる。

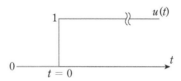

図5.2　単位ステップ関数

　単位ステップ関数は

$$u(t) = \begin{cases} 1 & (t \geq 0) \\ 0 & (t < 0) \end{cases} \tag{5.11}$$

と表される。よって，ラプラス変換は式 (5.10) を用いて

$$\mathcal{L}[u(t)] = \int_0^\infty u(t)\, e^{-st}\, dt = \int_0^\infty 1 \cdot e^{-st}\, dt = \left[-\frac{1}{s} e^{-st} \right]_{t=0}^{t=\infty}$$
$$= \lim_{t \to \infty} \left(-\frac{1}{s} e^{-st} \right) + \frac{1}{s} = \frac{1}{s} \tag{5.12}$$

となる。したがって，単位ステップ関数 $u(t)$ のラプラス変換対は

$$u(t) \Leftrightarrow \frac{1}{s} \tag{5.13}$$

である。

5.2.2 単位インパルス関数

単位インパルス関数 $\delta(t)$ は，図5.3に示すように，$t = 0$ だけに値を持つ関数で，システムの固有な性質を表すシステム関数を求める場合などに用いられる。

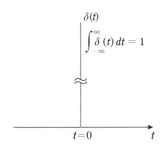

図5.3 単位インパルス関数

単位インパルス関数は

$$\delta(t) = \begin{cases} \infty \ (t = 0) \\ 0 \ (t \neq 0) \end{cases} \\ \int_{-\infty}^{\infty} \delta(t)\,dt = 1 \tag{5.14}$$

と表される。よって，ラプラス変換は

$$\mathcal{L}[\delta(t)] = \int_{0}^{\infty} \delta(t)\,e^{-st}dt = 1 \tag{5.15}$$

となる。したがって，ラプラス変換対は

$$\delta(t) \Leftrightarrow 1 \tag{5.16}$$

である。

COLUMN **単位インパルス関数**

単位インパルス関数は

$$f(\tau) = \int_{-\infty}^{\infty} f(t)\delta(t - \tau)dt \tag{1}$$

のように，積分内の関数の値を知りたいときに用いられることが多い，数学上重要な関数である。$t = 0$ で無限大の値をとり，その他の場合は0となり，積分すると1となる。実際にはありえないような関数であるが，そうとも言えないのではなかろうか？

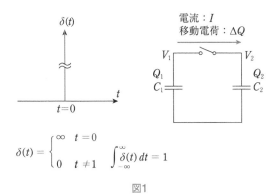

図1

例えば図1(右)に示すように，2つの電圧の異なる容量があり，$t = 0$ でスイッチを閉じたとする。電荷保存則から瞬時に電圧が決まるが，この場合の電圧 V_s は

$$V_s = \frac{C_1 V_1 + C_2 V_2}{C_1 + C_2} \tag{2}$$

でまったく問題がない。では，そのときに流れた電流 I を考えると，抵抗がないので無限大である(抵抗を仮定して，抵抗値が0の極限の値を求めても無限大になる)。電流を積分したものが電荷であるので，移動電荷 ΔQ は簡単に計算でき，

$$\Delta Q = \int_{-\infty}^{\infty} Idt = \frac{C_1 C_2}{C_1 + C_2}(V_2 - V_1) \tag{3}$$

となる。したがって電流は一瞬で流れ無限大の値をとるが，この時間積分である電荷は有限値である。このように単位インパルス関数は実在すると考えてもよいのではなかろうか。

5.2.3 指数関数

指数関数は e^{at} と表される。ラプラス変換は，

$$\mathcal{L}\left[e^{at}\right] = \int_0^\infty e^{at} e^{-st} dt = \int_0^\infty e^{-(s-a)t} dt = \left[-\frac{1}{s-a} e^{-(s-a)t}\right]_{t=0}^{t=\infty} = \frac{1}{s-a} \quad (5.17)$$

であり，ラプラス変換対は

$$e^{at} \Leftrightarrow \frac{1}{s-a} \quad (5.18)$$

である。指数関数のラプラス変換は極めて重要で，微分方程式の解を求める場合に用いられるほか，次の正弦関数・余弦関数のラプラス変換もオイラーの公式により指数関数に変換することで求められる。4章で述べたように，電気回路の応答は一般的に a を複素数とする指数関数で表される。

5.2.4 正弦関数・余弦関数

指数関数が求められたので，これを用いて**正弦関数**および**余弦関数**のラプラス変換を求める。**オイラーの公式** $e^{\pm j\omega t} = \cos\omega t \pm j\sin\omega t$ より，

$$\cos\omega t = \frac{e^{j\omega t} + e^{-j\omega t}}{2}, \ \sin\omega t = \frac{e^{j\omega t} - e^{-j\omega t}}{2j} \quad (5.19)$$

となり，それぞれ指数関数に変換できる。したがって，ラプラス変換は

$$\mathcal{L}\left[\cos\omega t\right] = \frac{1}{2}\left(\frac{1}{s-j\omega} + \frac{1}{s+j\omega}\right) = \frac{s}{s^2 + \omega^2} \quad (5.20a)$$

$$\mathcal{L}\left[\sin\omega t\right] = \frac{1}{2j}\left(\frac{1}{s-j\omega} - \frac{1}{s+j\omega}\right) = \frac{\omega}{s^2 + \omega^2} \quad (5.20b)$$

であり，ラプラス変換対は

$$\left.\begin{array}{l} \cos\omega t \Leftrightarrow \dfrac{s}{s^2 + \omega^2} \\[2mm] \sin\omega t \Leftrightarrow \dfrac{\omega}{s^2 + \omega^2} \end{array}\right\} \quad (5.21)$$

である。

5.2.5 時間をずらした波形

ある時間波形 $f(t) = g(t)u(t)$ を時間 T 遅らせたときの波形を $k(t)$ とすると，$k(t) = g(t-T)u(t-T)$ となる。このラプラス変換は，

$$\left.\mathcal{L}\left[k\left(t\right)\right]=\int_0^\infty g\left(t-T\right)u\left(t-T\right)e^{-st}dt=\int_T^\infty g\left(t-T\right)u\left(t-T\right)e^{-st}dt\right\}\quad(5.22)$$
$$\because u\left(t-T\right)=0\ \ (t<T)$$

となる。$\tau=t-T$ の変換により，

$$\mathcal{L}\left[k\left(t\right)\right]=\int_0^\infty g\left(\tau\right)u\left(\tau\right)e^{-s(\tau+T)}d\tau=e^{-sT}\int_0^\infty g\left(\tau\right)u\left(\tau\right)e^{-st}d\tau$$
$$=e^{-sT}\int_0^\infty f\left(\tau\right)e^{-st}d\tau=e^{-sT}F\left(s\right)\quad(5.23)$$

となる。したがって，時間を **T 遅らせる**という時間領域での処理は，ラプラス変換では時間波形 $f(t)$ のラプラス変換 $F(s)$ に e^{-sT} を掛けることに相当する。

$$t\rightarrow t-T\Leftrightarrow e^{-sT}\quad(5.24)$$

この演算は，アナログ信号（連続時間信号）とディジタル信号（離散時間信号）の橋渡しをする上で重要である。

表5.1に代表的な関数のラプラス変換表をまとめておく。

表5.1　**代表的な関数のラプラス変換表**

$f(t)$		$\mathcal{L}\left[f(t)\right]=F\left(s\right)$
インパルス	$\delta(t)$	1
ステップ	$u(t)$	$\dfrac{1}{s}$
ランプ	t	$\dfrac{1}{s^2}$
指数	e^{-at}	$\dfrac{1}{s+a}$
	te^{-at}	$\dfrac{1}{(s+a)^2}$
正弦	$\sin\omega t$	$\dfrac{\omega}{s^2+\omega^2}$
余弦	$\cos\omega t$	$\dfrac{s}{s^2+\omega^2}$
	$e^{-at}\sin\omega t$	$\dfrac{\omega}{(s+a)^2+\omega^2}$
	$e^{-at}\cos\omega t$	$\dfrac{s+a}{(s+a)^2+\omega^2}$

5.2.6 微分

微分演算のラプラス変換は，部分積分の公式

$$\int f'(x) \cdot g(x)\,dx = f(x) \cdot g(x) - \int f(x) \cdot g'(x)\,dx \tag{5.25}$$

より，

$$K(s) = \int_0^\infty \frac{df(t)}{dt}e^{-st}dt = \left[f(t)e^{-st}\right]_{t=0}^{t=\infty} - \int_0^\infty f(t)\frac{d}{dt}\left(e^{-st}\right)dt$$

$$= \lim_{t \to \infty}\left(f(t)e^{-st}\right) - f(0) - \int_0^\infty f(t)\left(-se^{-st}\right)dt \tag{5.26a}$$

となるので，

$$K(s) = -f(0) + s\int_0^\infty f(t)e^{-st}dt = sF(s) - f(0) \tag{5.26b}$$

となる。ここで，$f(0)$ とは $t=0$ における f の値で，**初期値**と呼ばれる。したがって，ラプラス変換対は

$$\frac{df(t)}{dt} \Leftrightarrow sF(s) - f(0) \tag{5.27}$$

である。この関係は，回路素子の初期値を考慮した s 領域表記において用いられる。

2次・3次の微分は，

$$\frac{d^2f(t)}{dt^2} \Leftrightarrow s^2F(s) - sf(0) - f'(0) \tag{5.28}$$

$$\frac{d^3f(t)}{dt^3} \Leftrightarrow s^3F(s) - s^2f(0) - sf'(0) - f''(0) \tag{5.29}$$

となる。一般的な n 次微分は

$$\frac{d^nf(t)}{dt^n} \Leftrightarrow s^nF(s) - \sum_{k=1}^{n}s^{n-k}f^{(k-1)}(0) \tag{5.30}$$

となる。

5.2.7 積分

積分演算のラプラス変換は,

$$K(s) = \int_0^\infty \left[\int_{-\infty}^t f(t)\, dt \right] e^{-st}\, dt \tag{5.31}$$

であり,部分積分の公式を用いると,

$$\left.\begin{aligned}
K(s) &= \left[-\frac{e^{-st}}{s} \int_{-\infty}^t f(t)\, dt \right]_0^\infty + \frac{1}{s} \int_0^\infty f(t)\, e^{-st}\, dt = \frac{q(0)}{s} + \frac{F(s)}{s} \\
q(0) &\equiv \left[\int_{-\infty}^t f(t)\, dt \right]_{t=0}
\end{aligned}\right\} \tag{5.32}$$

となる。したがって,ラプラス変換対は

$$\int_0^t f(t)\, dt \Leftrightarrow \frac{F(s)}{s} + \frac{q(0)}{s} \tag{5.33}$$

である。この関係も回路素子の初期値を考慮した s 領域表記において使用される。

ラプラス変換における微分と積分は初期値を考慮しなくてもよい場合は,次に示すように,微分は s を掛ける,積分は s で割ると覚えておけばよい。

$$\left.\begin{aligned}
\frac{d}{dt} &\Leftrightarrow s \\
\int dt &\Leftrightarrow \frac{1}{s}
\end{aligned}\right\} \tag{5.34}$$

5.3 ラプラス逆変換

ラプラス変換して得られた関数 $F(s)$ を実時間の関数 $f(t)$ に変換するものが**ラプラス逆変換**である。ラプラス逆変換は,理論的には**複素積分**

$$f(t) = \frac{1}{2\pi j} \int_{\sigma-j\infty}^{\sigma+j\infty} F(s)\, e^{st}\, ds \tag{5.35}$$

で与えられるが,実際的には部分分数展開を用いて求められる。一般的に s 領域の関数は,以下のように分子・分母に多項式を持つ関数で書き表される。

$$N(s) = \frac{p(s)}{q(s)} = \frac{a_0 s^m + a_1 s^{m-1} + \cdots + a_{m-1} s + a_m}{b_0 s^n + b_1 s^{n-1} + \cdots + b_{n-1} s + b_n} \tag{5.36}$$

したがって，z_i を分子の多項式の根（これを**ゼロ**もしくは**零点**と呼ぶ），p_i を分母の多項式の根（これを**ポール**もしくは**極**と呼ぶ）とすると，式 (5.36) は

$$N(s) = H \frac{(s - z_1)(s - z_2) \cdots (s - z_m)}{(s - p_1)(s - p_2) \cdots (s - p_n)} \tag{5.37}$$

と表される。ここで，H は係数である。

ポールとゼロはシステムの特性を表す重要な概念である。$m < n$ の場合は，**ヘビサイドの展開定理**より，式 (5.37) は以下のように展開できることがわかっている。

$$\left. \begin{array}{l} N(s) = \dfrac{K_1}{s - p_1} + \dfrac{K_2}{s - p_2} + \cdots + \dfrac{K_n}{s - p_n} \\ K_i = [(s - p_i) \cdot N(s)]_{s = p_i}, \, i = 0, \, 1, \, 2, \, ..., \, n \end{array} \right\} \tag{5.38}$$

ここで，K_i は**留数**と呼ばれる。したがって，ラプラス逆変換は，

$$f(t) = K_1 e^{p_1 t} + K_2 e^{p_2 t} + \cdots + K_n e^{p_n t}, \, t \geq 0 \tag{5.39}$$

となる。つまり，時間応答はポールを時間の係数とする指数関数を線形加算したものになる。この結果は，4章で示した電気回路の基本応答と対応している。

ただし，重根を持つ場合は少し厄介で，r 個の重根と $n-r$ 個の単根を持つ場合は

$$N(s) = \frac{K_{11}}{s - p_1} + \frac{K_{12}}{(s - p_1)^2} + \cdots + \frac{K_{1r}}{(s - p_1)^r} + \frac{K_2}{s - p_2} + \cdots + \frac{K_n}{s - p_n} \tag{5.40}$$

となる。単根の留数は式 (5.38) と同様であるが，**重根の留数** K_r は

$$\left. \begin{array}{l} K_{1r} = \left[(s - p_1)^r N(s) \right]_{s = p_1} \\ K_{1r-i} = \dfrac{1}{i!} \left[\dfrac{d^i}{ds^i} \left\{ (s - p_1)^r N(s) \right\} \right]_{s = p_1}, \, i = 1, \, 2, \, ..., \, r - 1 \end{array} \right\} \tag{5.41}$$

より求まり，ラプラス逆変換は

$$f(t) = \left\{ K_{11} + K_{12} \frac{t}{1!} + \cdots + K_{1r} \frac{t^{r-1}}{(r-1)!} \right\} e^{p_1 t} + K_2 e^{p_2 t} + \cdots + K_n e^{p_n t} \tag{5.42}$$

となる。これではわかりにくいので例を挙げる。

例5.1

$F(s) = \dfrac{5s^2 + 2s + 4}{(s - 1)^2 (s + 2)}$ をラプラス逆変換し，時間関数を求める。

上式は式 (5.40) より $F(s) = \dfrac{K_{11}}{s-1} + \dfrac{K_{12}}{(s-1)^2} + \dfrac{K_2}{(s+2)}$ と展開できる。各係数は，

式 (5.41) より，

$$K_{11} = \frac{1}{1!} \frac{d}{ds} \left\{ (s-1)^2 \frac{5s^2 + 2s + 4}{(s-1)^2 (s+2)} \right\} \Bigg|_{s=1} = \frac{25}{9}$$

$$K_{12} = (s-1)^2 \frac{5s^2 + 2s + 4}{(s-1)^2 (s+2)} \Bigg|_{s=1} = \frac{11}{3}$$

$$K_2 = (s+2) \frac{5s^2 + 2s + 4}{(s-1)^2 (s+2)} \Bigg|_{s=-2} = \frac{20}{9}$$

と求められるので，式 (5.42) に示したラプラス逆変換より，時間関数 $f(t)$ は

$$f(t) = \frac{25}{9} e^t + \frac{11}{3} t e^t + \frac{20}{9} e^{-2t}$$

となる。このように簡単な重根でも，かなり複雑な計算となる。

例 5.2

次の s 領域の関数について，ポールとゼロを求めた後にラプラス逆変換し，時間関数を求める。

(1)　$F(s) = \dfrac{2s + 5}{(s+1)(s+4)}$

ポールは -1 と -4，ゼロは -2.5 である。したがって時間関数 $f(t)$ は

$$f(t) = K_1 e^{-t} + K_2 e^{-4t}$$

式 (5.38) より

$$\left. \begin{aligned} K_1 &= (s+1) \frac{2s+5}{(s+1)(s+4)} \Bigg|_{s=-1} = \frac{2s+5}{s+4} \Bigg|_{s=-1} = 1 \\ K_2 &= (s+4) \frac{2s+5}{(s+1)(s+4)} \Bigg|_{s=-4} = \frac{2s+5}{s+1} \Bigg|_{s=-4} = 1 \end{aligned} \right\}$$

したがって，$f(t) = e^{-t} + e^{-4t}$ となる。

(2)　$F(s) = \dfrac{1}{(s+2)(s^2 - 2s + 2)}$

ポールは $-2, 1+j, 1-j$ である。したがって時間関数 $f(t)$ は

$$f(t) = K_1 e^{-2t} + K_2 e^{(1+j)t} + \overline{K_2} e^{(1-j)t}$$

となる。ここで，K_2 と $\overline{K_2}$ は互いに複素共役の関係がある。

式 (5.38) より

$$\left.\begin{aligned}
K_1 &= \frac{1}{s^2 - 2s + 2}\bigg|_{s=-2} = \frac{1}{10} \\
K_2 &= \frac{1}{(s+2)\{s-(1-j)\}}\bigg|_{s=1+j} = -\frac{1}{2(1-3j)} \\
\overline{K_2} &= \frac{1}{(s+2)\{s-(1+j)\}}\bigg|_{s=1-j} = -\frac{1}{2(1+3j)}
\end{aligned}\right\}$$

したがって，$f(t) = \dfrac{1}{10} e^{-2t} - \dfrac{1}{2(1-3j)} e^{(1+j)t} - \dfrac{1}{2(1+3j)} e^{(1-j)t}$ となる。これを

展開すると，以下となる。

$$\begin{aligned}
f(t) &= \frac{1}{10} e^{-2t} - \frac{1+3j}{20} e^{(1+j)t} - \frac{1-3j}{20} e^{(1-j)t} \\
&= \frac{1}{10} e^{-2t} - \frac{e^t}{10}\left(\frac{e^{jt} + e^{-jt}}{2} - 3\frac{e^{jt} - e^{-jt}}{2j}\right) = \frac{1}{10} e^{-2t} - \frac{e^t}{10}(\cos t - 3\sin t)
\end{aligned}$$

5.4 微分方程式への応用

n 階線形微分方程式は，

$$b_n \frac{d^n y}{dt^n} + b_{n-1} \frac{d^{n-1} y}{dt^{n-1}} + \cdots + b_1 \frac{dy}{dt} + b_0 y = f(t) \tag{5.43}$$

であるので，式 (5.30) を用いて両辺のラプラス変換をとると，

$$\sum_{k=0}^{n} b_k \left\{ s^k Y(s) - \sum_{r=1}^{k} s^{k-r} y^{(r-1)}(0) \right\} = F(s) \tag{5.44}$$

となる。ここで，

$$\sum_{k=0}^{n} b_k s^k = B(s) \tag{5.45a}$$

$$\sum_{k=0}^{n} \sum_{r=1}^{k} b_k y^{(r-1)}(0) s^{k-r} = C(s) \tag{5.45b}$$

とおくと，式 (5.44) は

$$B(s)Y(s) = F(s) + C(s) \tag{5.46}$$

となるので

$$Y(s) = \frac{F(s)}{B(s)} + \frac{C(s)}{B(s)} \tag{5.47}$$

となる。したがって式 (5.43) の微分方程式の解は式 (5.47) のラプラス逆変換として求めることができる。

$Y(s)$ をラプラス逆変換すると，

$$y(t) = \mathcal{L}^{-1}[Y(s)] = \mathcal{L}^{-1}\left[\frac{F(s)}{B(s)}\right] + \mathcal{L}^{-1}\left[\frac{C(s)}{B(s)}\right] \tag{5.48}$$

となる。このラプラス逆変換は式 (5.38) に示したヘビサイドの展開定理によって求めることができるが，その際

$$B(s) = 0 \tag{5.49}$$

となる方程式の根を求めることが必要である。微分方程式の解の性質は，この方程式の根によって支配され，この方程式は**特性方程式**と呼ばれる。

例 5.3

次の微分方程式を，ラプラス変換を用いて解く。

(1)　$\dfrac{d^2 y}{dt^2} + 3\dfrac{dy}{dt} + 2y = 0 \ (y(0) = 0, \ y'(0) = 1)$

ラプラス変換を行うと

$$s^2 F(s) - sy(0) - y'(0) + 3sF(s) - 3y(0) + 2F(s) = 0$$

となる。したがって

$$F(s) = \frac{1}{s^2 + 3s + 2} = \frac{1}{(s+1)(s+2)}$$

より

$$y = e^{-t} - e^{-2t}$$

を得る。

(2)　$\dfrac{d^2 y}{dt^2} + 4\dfrac{dy}{dt} = \sin t \ (y(0) = y'(0) = 0)$

ラプラス変換を行うと

$$s^2 F(s) - sy(0) - y'(0) + 4sF(s) - 4y(0) = \frac{1}{s^2 + 1}$$

となる。したがって

$$F(s) = \frac{1}{s(s+4)(s^2+1)}$$

を得る。式 (5.38) に示したヘビサイドの展開定理より

$$F(s) = \frac{K_0}{s} + \frac{K_1}{s+4} + \frac{K_2}{s-j} + \frac{\overline{K_2}}{s+j}$$

式 (5.38) より

$$\left.\begin{aligned}
K_0 &= \left.\frac{1}{(s+4)(s^2+1)}\right|_{s=0} = \frac{1}{4} \\
K_1 &= \left.\frac{1}{s(s^2+1)}\right|_{s=-4} = -\frac{1}{68} \\
K_2 &= \left.\frac{1}{s(s+4)(s+j)}\right|_{s=j} = -\frac{1}{2(4+j)} \\
\overline{K_2} &= \left.\frac{1}{s(s+4)(s-j)}\right|_{s=-j} = -\frac{1}{2(4-j)}
\end{aligned}\right\}$$

となる。したがって,

$$\begin{aligned}
y &= \frac{1}{4}u(t) - \frac{1}{68}e^{-4t} - \frac{1}{17}\left(\frac{4-j}{2}e^{jt} + \frac{4+j}{2}e^{-jt}\right) \\
&= \frac{1}{4}u(t) - \frac{1}{68}e^{-4t} - \frac{4}{17}\cos t - \frac{1}{17}\sin t
\end{aligned}$$

を得る。

　本章では微分方程式を代数方程式に変換するラプラス変換について，基本的な関数のラプラス変換対，ラプラス逆変換，係数を求めるヘビサイドの展開定理などについて述べた。電気回路の応答はその性質上，指数関数が基本であることを4章で示している。ラプラス変換においても指数関数が基本である。したがって，電気回路のシステムの記述はラプラス変換を用いることが都合よく，特に式 (5.37) に示した，ポールとゼロの位置が時間応答や周波数応答を決めるポイントになる。

● 演習問題

5.1 以下の関数をラプラス変換せよ（定数にはステップ関数を適用せよ）。

(1) $f(t) = e^{-at} - 2$
(2) $f(t) = (1 - at)e^{-at}$
(3) $f(t) = 5e^{-5t} - 10e^{-10t}$
(4) $f(t) = 1 + \sin 2t - \cos 2t$

5.2 以下の関数をラプラス逆変換し，時間関数を求めよ。

(1) $F(s) = \dfrac{2s + 5}{(s + 1)(s + 4)}$
(2) $F(s) = \dfrac{1}{(s - 2)(s^2 - 2s + 2)}$

(3) $F(s) = \dfrac{s - 1}{s^2 + 7s}$
(4) $F(s) = e^{-5s} \dfrac{2s}{(s + 1)(s + 3)}$

5.3 以下の微分方程式を，ラプラス変換を用いて解け。

(1) $\dfrac{dy}{dt} + 20y = 0,\ y(0) = 5$

(2) $\dfrac{d^2 y}{dt^2} + 20\dfrac{dy}{dt} + 75y = 0,\ y(0) = 10,\ y'(0) = 0$

5.4 システムの伝達関数が $H(s) = \dfrac{8}{s + 4}$ で与えられるとき，以下の入力に対する出力 $y(t)$ を求めよ。

(1) $x(t) = u(t)$
(2) $x(t) = tu(t)$
(3) $x(t) = 2\sin 2t \cdot u(t)$

5.5 以下の s 領域の関数 $F(s)$ を用いて初期値である時刻 $t=0$ における $f(0)$ の値，および終値である時刻 $t = \infty$ における $f(\infty)$ の値を求めよ。

(1) $F(s) = \dfrac{s + 3}{s(s + 1)(s + 2)}$

(2) $F(s) = 2\dfrac{s^2 + 5s + 6}{(s + 2)(s + 6)(s + 12)}$

・微分方程式：電気回路の回路素子のうち抵抗を除く，容量とインダクタは電圧と電流の関係が時間微分もしくは時間積分の関係にある。そのため，これらの回路素子を含む回路のふるまいを求めるためには，微分方程式を立て，これを解く必要がある。

$$A_n \frac{d^n y}{dt^n} + A_{n-1} \frac{d^{n-1} y}{dt^{n-1}} + \cdots + A_0 y = f(t)$$

で表される線形微分方程式の場合，その解は右辺を 0 としたときの解である基本解と，右辺を考慮したときの解である特殊解との和になる。基本解は，

$$y = c_1 e^{h_1 t} + c_2 e^{h_2 t} + \cdots + c_n e^{h_n t}$$

となり，指数関数を線形結合したものになる。その定数は初期条件により決定される。

　特殊解は右辺の関数と同一形式の関数となり，定数，n 乗の多項式，指数関数，三角関数などになる。

・ラプラス変換：ラプラス変換を用いれば，微積分方程式を簡単な代数方程式に変換して，より体系的に解くことができる。連続時間信号 $f(t)$ のラプラス変換 $F(s)$ は，

$$F(s) = \mathcal{L}[f(t)] = \int_0^\infty f(t) e^{-st} dt$$

で与えられる。代表的な関数のラプラス変換を以下に示す。

$f(t)$		$\mathcal{L}[f(t)] = F(s)$
インパルス	$\delta(t)$	1
ステップ	$u(t)$	$\dfrac{1}{s}$
ランプ	t	$\dfrac{1}{s^2}$
指数	e^{-at}	$\dfrac{1}{s+a}$
	te^{-at}	$\dfrac{1}{(s+a)^2}$
正弦	$\sin \omega t$	$\dfrac{\omega}{s^2 + \omega^2}$

余弦	$\cos \omega t$	$\dfrac{s}{s^2 + \omega^2}$
	$e^{-at}\sin \omega t$	$\dfrac{\omega}{(s + a)^2 + \omega^2}$
	$e^{-at}\cos \omega t$	$\dfrac{s + a}{(s + a)^2 + \omega^2}$

· 微分演算と積分演算：微分演算のラプラス変換対は

$$\frac{df(t)}{dt} \Leftrightarrow sF(s) - f(0)$$

であり，一般的な n 次微分は

$$\frac{d^n f(t)}{dt^n} \Leftrightarrow s^n F(s) - \sum_{k=1}^{n} s^{n-k} f^{(k-1)}(0)$$

で与えられる。積分演算のラプラス変換対は

$$\int_0^t f(t)\,dt \Leftrightarrow \frac{F(s)}{s} + \frac{q(0)}{s}$$

で与えられる。初期値を考慮しなくてもよい場合，微分は s を掛ける，積分は s で割ると覚えていてもよい。

· ポールとゼロ：s 領域の関数を以下の形式で表すとき，z_i をゼロもしくは零点と呼び，p_i をポールもしくは極と呼ぶ。ここで H は係数である。ポールとゼロはシステムの特性を表す重要な概念である。

$$N(s) = H\frac{(s - z_1)(s - z_2)\cdots(s - z_m)}{(s - p_1)(s - p_2)\cdots(s - p_n)}$$

· ラプラス逆変換：上式は $m < n$ の場合，ヘビサイドの展開定理より以下のように展開できる。

$$\left.\begin{aligned} &N(s) = \frac{K_1}{s - p_1} + \frac{K_2}{s - p_2} + \cdots + \frac{K_n}{s - p_n} \\ &K_i = [(s - p_i)\cdot N(s)]_{s=p_i},\, i = 0,\, 1,\, 2,\, ...,\, n \end{aligned}\right\}$$

したがって，ラプラス逆変換は

$$f(t) = K_1 e^{p_1 t} + K_2 e^{p_2 t} + \cdots + K_n e^{p_n t},\ t \geq 0$$

となる。つまり時間応答はポールを時間の係数とする指数関数を線形加算したものになる。この結果は4章で示した電気回路の基本応答と対応している。重根の場合はラプラス逆変換が少し違ったものになるので注意が必要である。

第6章

電気回路の時間応答

　電気回路では電圧や電流の時間応答が重要になる。例えば電気回路に時刻 $t = 0$ でスイッチを閉じて直流電圧を加えたとき，「出力電圧がどのくらいの時間で目標値に入るか」「振動しているのか」「時間とともに収束していくか」などが問題となる。そこで本章では，まずシステムの応答の基礎を述べ，次に回路素子である，抵抗，容量，インダクタの初期値を考慮した s 領域での表現と時間応答を見ていく。

6.1　システム関数とインパルス応答

　図6.1に示すように，システムの入力信号 $x(t)$ をラプラス変換したものを $X(s)$，出力信号 $y(t)$ をラプラス変換したものを $Y(s)$ とすると，システムの応答は

$$Y(s) = H(s) \cdot X(s) \tag{6.1}$$

で表される。このとき，$H(s)$ を**システム関数**という。電気回路における，システム関数は**伝達関数，インピーダンス関数，アドミッタンス関数**などになる。

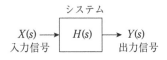

図6.1　システム関数

　システム関数は式 (5.36) より

$$H(s) = \frac{p(s)}{q(s)} = \frac{a_0 s^m + a_1 s^{m-1} + \cdots + a_{m-1} s + a_m}{b_0 s^n + b_1 s^{n-1} + \cdots + b_{n-1} s + b_n} \tag{6.2}$$

と表されるが，式 (5.37) より以下のようにも書き表される。

$$H(s) = H \frac{(s - z_1)(s - z_2) \cdots (s - z_m)}{(s - p_1)(s - p_2) \cdots (s - p_n)} \tag{6.3}$$

式 (6.3) は $m < n$ の場合，**ヘビサイドの展開定理**より，以下のように展開できる。

$$\left. \begin{array}{l} H(s) = \dfrac{K_1}{s - p_1} + \dfrac{K_2}{s - p_2} + \cdots + \dfrac{K_n}{s - p_n} \\[2mm] K_i = [(s - p_i) \cdot H(s)]_{s = p_i}, \; i = 0,1,2, \, ..., \, n \end{array} \right\} \tag{6.4}$$

ここで，K_i は**留数**と呼ばれる。したがって，**ラプラス逆変換**は，

$$h(t) = K_1 e^{p_1 t} + K_2 e^{p_2 t} + \cdots + K_n e^{p_n t}, \; t \geq 0 \tag{6.5}$$

となる。つまり，時間応答は**ポール（極）**を比例係数とする指数関数を線形加算したものになる。

これよりシステムの自然応答は，そのポールの位置により以下のように分類される。

実の単極：$p \rightarrow K e^{pt}$ (6.6a)

複素極：$\sigma \pm j\omega \rightarrow K e^{\sigma t} \cos(\omega t + \theta)$ (6.6b)

多重極：$p \rightarrow K t^i e^{pt}, \; K t^i e^{\sigma t} \cos(\omega t + \theta)$ (6.6c)

一般的なポール p は**複素極** $p = \sigma \pm j\omega$ で表されるので，その時間応答は，

$$K e^{pt} = K e^{(\sigma \pm j\omega)t} = K e^{\sigma t} \cdot e^{\pm j\omega t} \tag{6.7}$$

となる。ここで，$e^{\pm j\omega t}$ は絶対値が1で，位相が時間に比例して回転する角周波数 ω の**振動**を表し，$e^{\sigma t}$ はその絶対値の時間変化を表している。

図 6.2 に，複素平面上のポールの位置と**自然応答**を示す。$\sigma > 0$ で時間とともに増大，$\sigma = 0$ で時間に依存せずに一定，$\sigma < 0$ で時間とともに減衰する信号になる。ポールが実軸上にあり虚数成分を持たない場合は振動せず，ポールが実軸上になく虚数成分を持つ場合は振動している。したがって図 6.2 に示すように，システムの応答は**ポールの位置**により決まる。

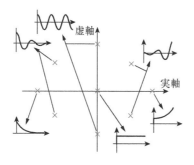

図6.2　ポールの位置と応答波形

図6.3に，$\sigma < 0$ のときの減衰振動の複素平面上の軌跡を示す。時間とともに位相（角度）が回転しながら，その絶対値は減少していくことがわかる。

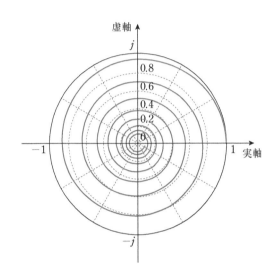

図6.3　減衰振動の複素平面上の軌跡

6.2　システムの安定性

システムのふるまいは，以下のように**安定**，**準安定**，**不安定**に分類でき，システムを解析する上で重要である。つまり，応答信号の絶対値が時間とともに減少するときは安定，一定のときは準安定，増大するときは不安定となる。実数部を意味する Re( ) を用いると，

安定：$h\,(t) \to 0\,(t \to \infty) \Rightarrow \mathrm{Re}\,(p_i) < 0, i = 1,2, \dots, n$　　　　(6.8a)

準安定：$|\,h\,(t)\,| \leq K\,(0 \leq t < \infty) \Rightarrow$ 単極 $\mathrm{Re}\,(p) = 0,$ 多重極 $\mathrm{Re}\,(p) < 0$ (6.8b)

不安定：$|\,h\,(t)\,| \to \infty\,(t \to \infty) \Rightarrow$ 少なくとも1つの単極 $\mathrm{Re}\,(p) > 0,$ 多重極 $\mathrm{Re}\,(p) \geq 0$

(6.8c)

となる。つまり図6.2に示すように，システムが安定であるためにはポールの実数部が負であること，つまりポールが複素平面上で**左半面に位置**していることが必要である。

システムの安定性は，以下に示す**最終値定理**を用いて評価することも可能である。

$\mathcal{L}[f'(t)] = sF(s) - f(0)$ であるので，

$$\lim_{s \to 0} \left\{ \int_0^\infty f'(t) e^{-st} dt \right\} = \lim_{s \to 0} \{ sF(s) - f(0) \} \tag{6.9}$$

この式の左辺は

$$\lim_{s \to 0} \left\{ \int_0^\infty f'(t) e^{-st} dt \right\} = \int_0^\infty f'(t) dt = \lim_{t \to \infty} \int_0^t f'(t) dt = \lim_{t \to \infty} \{ f(t) - f(0) \}$$

したがって，以下の最終値定理が成り立つ。

$$\lim_{t \to \infty} f(t) = \lim_{s \to 0} sF(s) \tag{6.10}$$

これと対になる定理が**初期値定理**である。$\mathcal{L}[f'(t)] = sF(s) - f(0)$ より，

$$\lim_{s \to \infty} \left\{ \int_0^\infty f'(t) e^{-st} dt \right\} = \lim_{s \to \infty} \{ sF(s) - f(0) \}$$

この式の左辺は0になるので，以下の初期値定理が成り立つ。

$$f(0) = \lim_{t \to 0} f(t) = \lim_{s \to \infty} sF(s) \tag{6.11}$$

6.3　各回路素子の s 領域表記

　電気回路は微積分方程式で記述されるが，ラプラス変換を用いることで初期値を組み込んで解くことができる。そこで，各回路素子の初期値を考慮した **s 領域表記**を示す。

6.3.1　抵抗

　抵抗は簡単であり，図6.4に示すように，

$$\left. \begin{array}{l} V(s) = RI(s) \\ I(s) = \dfrac{V(s)}{R} = GV(s) \end{array} \right\} \tag{6.12}$$

である。

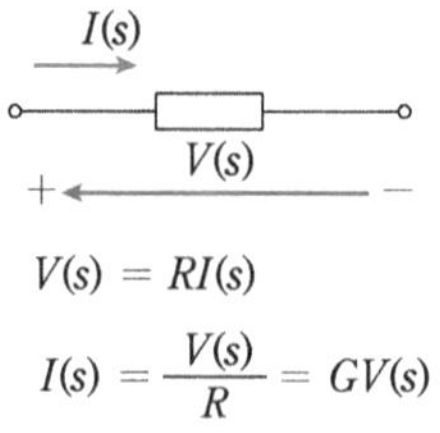

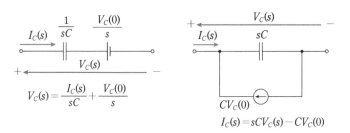

$$V(s) = RI(s)$$

$$I(s) = \frac{V(s)}{R} = GV(s)$$

図6.4　**抵抗のs領域表記**

6.3.2　容量

容量の端子間電圧 V_C は流れる電流 I_C に対して

$$V_C(t) = \frac{1}{C}\int_{-\infty}^{t} I_C(t)\, dt$$

であるので，これをラプラス変換すると，

$$V_C(s) = \frac{1}{C}\left[\frac{I_C(s)}{s} + \frac{q(0)}{s}\right] = \frac{I_C(s)}{sC} + \frac{V_C(0)}{s} \tag{6.13}$$

となる。ここで，$q(0)$ は**初期電荷**，$V_C(0)$ はその初期電荷により容量に生じた**初期電圧**である。微分形では

$$I_C(t) = C\frac{dV_C(t)}{dt}$$

なので，これをラプラス変換すると，

$$I_C(s) = C[sV_C(s) - V_C(0)] \tag{6.14}$$

となる。したがって，容量は図6.5に示すような回路で表される。

図6.5　**容量のs領域表記**

6.3.3　インダクタ

インダクタに発生する電圧 V_L は流れる電流 I_L に対して

$$V_L(t) = L\frac{dI_L(t)}{dt}$$

であるので，これをラプラス変換すると，

$$V_L(s) = L[sI_L(s) - I_L(0)] = sLI_L(s) - LI_L(0) \tag{6.15}$$

となる。また，$I_L(t) = \dfrac{1}{L}\displaystyle\int_{-\infty}^{t} V_L(t)\,dt$ より，

$$I_L(s) = \frac{V_L(s)}{sL} + \frac{I_L(0)}{s} \tag{6.16}$$

となる。したがって，インダクタは図 6.6 に示すような回路で表される。

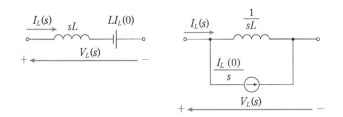

図6.6　インダクタの s 領域表記

6.4　s 領域での電気回路の解き方

回路素子を **s 領域**で表現した後の電気回路の解き方は，抵抗を**インピーダンス**，抵抗の逆数であるコンダクタンスを**アドミッタンス**に置き換え，電圧源や電流源を s 領域で表現すると，直流回路と同等なものになる。

電圧と電流を $V(s)$, $I(s)$ で表すとき，図 6.7(a) に示すように，素子のインピーダンス $Z(s)$ とアドミッタンス $Y(s)$ は

$$\left.\begin{aligned}
Z(s) &\equiv \frac{V(s)}{I(s)} \\
Y(s) &\equiv \frac{I(s)}{V(s)}
\end{aligned}\right\} \tag{6.17}$$

で定義される。インピーダンス $Z(s)$ は電流の流れにくさを，アドミッタンス $Y(s)$ は電流の流れやすさを表す。また，両者には

$$Z(s) = \frac{1}{Y(s)} \left.\vphantom{\frac{1}{Y(s)}}\right\}$$
$$Y(s) = \frac{1}{Z(s)}$$

(6.18)

の関係がある。

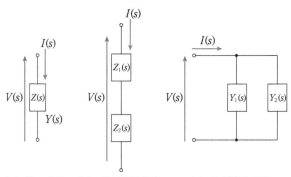

(a) 単一素子　(b) 直列接続素子　(c) 並列接続素子

図6.7　インピーダンスとアドミッタンス

図6.7(b) のような**直列接続素子**のインピーダンス $Z(s)$ は

$$Z(s) = Z_1(s) + Z_2(s)$$

(6.19)

のように加算される。図6.7(c) のような**並列接続素子**のアドミッタンス $Y(s)$ は

$$Y(s) = Y_1(s) + Y_2(s)$$

(6.20)

のように加算される。したがって，直列回路の場合はインピーダンス $Z(s)$ を用い，並列回路の場合はアドミッタンス $Y(s)$ を用いると計算しやすい。

図6.8に回路素子の直列接続の例を示す。抵抗 R とインダクタ L および抵抗 R と容量 C の直列接続回路のインピーダンス $Z(s)$ は，それぞれ

$$Z(s) = R + sL$$

(6.21a)

$$Z(s) = R + \frac{1}{sC}$$

(6.21b)

となる。

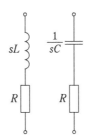

図6.8　**直列接続の例（インピーダンスで表した）**

これに対して，図6.9の回路素子の並列接続では，コンダクタンス G で表した抵抗と容量 C の並列接続回路，および抵抗とインダクタ L の並列接続回路のアドミッタンス $Y(s)$ は，それぞれ

$$Y(s) = G + sC \tag{6.22a}$$

$$Y(s) = G + \frac{1}{sL} \tag{6.22b}$$

となる。

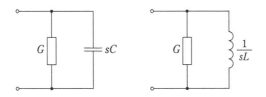

図6.9　**並列接続の例（アドミッタンスで表した）**

式 (2.29) および式 (2.32) で示した，**キルヒホッフの電流則**と**電圧則**は s 領域であってもそのまま使用できる。

$$\left.\begin{array}{l} \displaystyle\sum_{i=1}^{N} I_i(s) = 0 \\ \displaystyle\sum_{i=1}^{N} V_i(s) = 0 \end{array}\right\} \tag{6.23}$$

6.5 1次の回路系の自然応答とステップ応答

4章で述べたように,抵抗と容量もしくは抵抗とインダクタで構成される回路は,容量とインダクタで構成される回路のように,静電エネルギーと磁気エネルギーの間での蓄積・変換がないので,エネルギーが時間とともに単調に減少する応答になる。微分方程式は1次になるので,解は1つの実数のみであり,このような回路系は**1次の回路系**と呼ばれる。

s領域表記を用いて,初期エネルギーだけが与えられているときの回路応答である**自然応答**と,電源スイッチをある時刻で閉じて,一定電圧もしくは一定電流を印加し続ける**ステップ応答**について,代表的な回路の応答を見ていく。

6.5.1 *RC*回路

(1) 自然応答

図6.10(a) に示すように,はじめスイッチを開き,容量Cの初期電圧はV_0であるとする。次にスイッチを閉じ容量Cと抵抗Rは接続されたとする。このときの電圧V_Cの応答(**自然応答**)を求める。

図6.5より,初期電圧を考慮したときのRC回路の等価回路を図6.10(b) に示す。

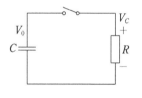

(a) *RC*回路

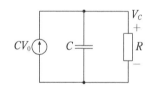

(b) 初期電圧を考慮した等価回路

図6.10 **RC回路**

キルヒホッフの電流則より,

$$V_C(s)\left(sC + \frac{1}{R}\right) - CV_0 = 0 \tag{6.24}$$

が得られるので,

$$V_C(s) = \frac{CV_0}{sC + \dfrac{1}{R}} = \frac{V_0}{s + \dfrac{1}{RC}} \tag{6.25}$$

となる。式 (6.25) の分母を 0 にするポール p は

$$p = -\frac{1}{RC} \tag{6.26}$$

である。したがって，図 6.11 に示すように，RC 回路のポールは実軸上にあり，振動成分を持たない。また，ポールの値は負であるので，回路は安定である。

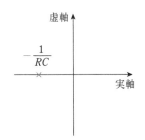

図6.11　*RC*回路のポールの位置

時間応答は，式 (6.25) をラプラス逆変換し，

$$V_C(t) = V_0 e^{-\frac{t}{\tau}} \tag{6.27}$$

となり，時間とともに電圧 V_C は減少する。ここで

$$\tau = RC \tag{6.28}$$

であり，**時定数**である。

図6.12に，初期電圧 $V_0 = 1.0\,\mathrm{V}$，容量 $C = 100\,\mathrm{pF}$，抵抗 $R = 2\,\mathrm{k\Omega}$ のときの RC 回路の応答波形を示す。スイッチを閉じた瞬間に抵抗 R の電圧は V_0 になり，以降は電圧が減少し，十分な時間が経つと電圧はほぼ 0 になる。

$t = 0$ のときの波形の傾きは，式 (6.27) を微分して

$$\left. \frac{dV_C}{dt} \right|_{t=0} = -\frac{V_0}{\tau} \tag{6.29}$$

で与えられる。したがって，最初の傾きを伸ばした直線は

$$V(t) = V_0 \left(1 - \frac{t}{\tau}\right) \tag{6.30}$$

となり，$t = \tau$で0になる。このときの電圧の値は式 (6.27) より $1/e$，つまり初期電圧のおよそ 0.37 倍になる。

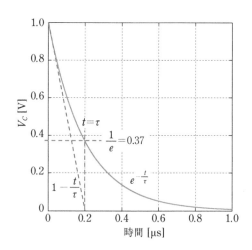

図6.12　**RC回路の自然応答**

(2) ステップ応答

　図6.13(a) に示すように，はじめスイッチを開き，容量 C の初期電圧は V_0 であるとする。次にスイッチを閉じて容量 C には抵抗 R を介して一定電圧 V_s を印加したとする。このときの電圧 V_C の応答（**ステップ応答**）を求める。

　初期電圧を考慮したときの RC 回路の等価回路を図6.13(b) に示す。RC 回路では，スイッチが入ることでエネルギーが供給されるので，電圧源 V_s はステップ関数として取り扱う。式 (5.12) に示すように，単位ステップ関数 $u(t)$ のラプラス変換は $1/s$ であるので，抵抗 R にかかる電圧 V_R が

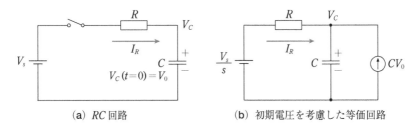

（a）RC回路　　　　　　　　　（b）初期電圧を考慮した等価回路

図6.13　**RC回路**

$$V_R(s) = \frac{V_s}{s} - V_C(s) \tag{6.31}$$

であることに留意して，キルヒホッフの電流則より，

$$\frac{\dfrac{V_s}{s} - V_C(s)}{R} - sCV_C(s) + CV_0 = 0 \tag{6.32a}$$

$$V_C(s) = \frac{\dfrac{V_s}{RC} + sV_0}{s\left(s + \dfrac{1}{RC}\right)} \tag{6.32b}$$

となる。式 (6.32b) を

$$V_C(s) = \frac{K_0}{s} + \frac{K_1}{s + \dfrac{1}{RC}} \tag{6.33}$$

と書き表す。ここで，

$$\left.\begin{array}{l} K_0 = V_s \\ K_1 = V_0 - V_s \end{array}\right\} \tag{6.34}$$

である。したがって，ラプラス逆変換により，

$$V_C(t) = V_s + (V_0 - V_s)e^{-\frac{t}{\tau}} \tag{6.35a}$$

$$V_C(t) = V_s\left(1 - e^{-\frac{t}{\tau}}\right) + V_0 e^{-\frac{t}{\tau}} \tag{6.35b}$$

と求まる。

次に，電流 I_R を求める。式 (6.35) より以下となる。

$$I_R(t) = \frac{V_s - V_C}{R} = \frac{V_s - V_0}{R} e^{-\frac{t}{\tau}} \tag{6.36}$$

図6.14に，抵抗 $R = 1\,\text{k}\Omega$, 容量 $C = 100\,\text{pF}$ で，初期電圧 V_0 が $0\,\text{V}$ および $0.5\,\text{V}$ のときの電圧 V_C および電流 I_R の応答波形を示す。容量の初期電圧 V_0 が小さいほど抵抗 R の端子間電圧は大きいため，大きな電流が流れ容量 C を充電する。この流れる電流の積分値が電荷量を表しているので，容量 C の端子間電圧 V_C が上昇するが，抵抗の端子間電圧は小さくなるので流れる電流も小さくなり，V_C の上昇はゆっくりしたものとなる。V_C が電圧源 V_s に近づくと電流はほとんど流れなくなるので，V_C は V_s に漸近する応答特性となる。

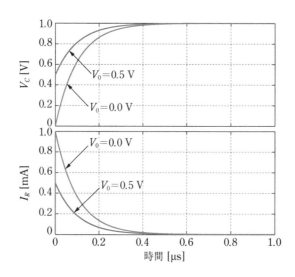

図6.14　*RC*回路のステップ応答

6.5.2　*RL* 回路

(1) 自然応答

図6.15(a) の **RL 回路**において，はじめスイッチを閉じ，インダクタ L に初期電流 $I(0)$ が流れているものとする。次にスイッチを開いたとする。このときの抵抗およびインダクタに流れる電流 I_L および電圧 V_L の応答（**自然応答**）を求める。

図6.6より，初期電流 $I(0)$ を考慮したときの *RL* 回路の等価回路を図6.15(b) に示す。

キルヒホッフの電流則より，

$$\frac{I(0)}{s} + \frac{V_L(s)}{sL} + \frac{V_L(s)}{R} = 0 \tag{6.37}$$

$$V_L(s) = -\frac{I(0)R}{s + \dfrac{R}{L}} \tag{6.38}$$

となる。

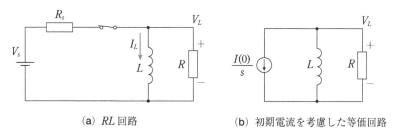

(a) RL 回路　　　　(b) 初期電流を考慮した等価回路

図6.15　**RL回路**

　したがって，図6.16に示すように，RL回路の**ポールの位置**は実軸上にあり，その値は負であるので，RC回路と同様に振動成分を持たず，回路は安定である。

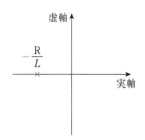

図6.16　**RL回路のポールの位置**

　時間応答は式 (6.38) をラプラス逆変換すると，

$$V_L(t) = -I(0)Re^{\frac{t}{\tau}} \tag{6.39}$$

となる。ここで，**時定数** τ は

$$\tau = \frac{L}{R} \tag{6.40}$$

である。インダクタンス L が大きいほど，抵抗 R が小さいほど，時定数は大きくなる。抵抗に関しては RC 回路と逆になるので注意が必要である。

インダクタを流れる電流 I_L は電圧 V_L を抵抗 R で割ればよいので，極性を考慮して，

$$I_L\left(t\right) = -\frac{V_L\left(t\right)}{R} = I\left(0\right)e^{-\frac{t}{\tau}} \tag{6.41}$$

となる。したがって，電圧 V_L，電流 I_L は時間とともに指数関数的に減少し，0に漸近する。

図6.17に，$V_s = 1.0\,\mathrm{V}, R_s = 1\,\mathrm{k\Omega}, L = 1\,\mathrm{\mu H}, R = 10\,\Omega$ のときの電圧 V_L および電流 I_L の波形を示す。初期電流 $I(0)$ は

$$I\left(0\right) = \frac{V_s}{R_s} \tag{6.42}$$

であるので，1 mA となる。スイッチを開くとインダクタの端子間電圧は逆極性になり，指数関数的に減少して0に漸近する。流れる電流 I_L は極性が同じで指数関数的に減少して0に漸近する。時定数は式 (6.40) より 0.1 μs になる。

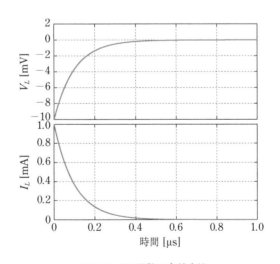

図6.17　**RL回路の自然応答**

(2) ステップ応答

図6.18(a) に示すように，はじめスイッチが G 端を選択し，インダクタ L には何らかの手段で電流 I_0 が流れているとする。またインダクタの端子間電圧 $V_L = 0\,\mathrm{V}$ と仮定する。次にスイッチが S 端を選択し，インダクタ L には抵抗 R を介して一定電圧 V_s が接続されたとする。このときのインダクタの電圧 V_L およびインダクタを流れる電流 I_L の応答（**ステップ応答**）を求める。

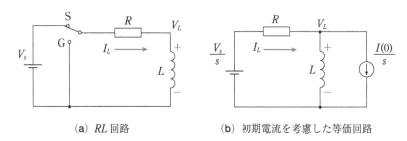

（**a**）RL 回路　　　　　　　　（**b**）初期電流を考慮した等価回路

図6.18　*RL回路*

図 6.18(b) の等価回路より

$$\frac{V_L(s) - \dfrac{V_s}{s}}{R} + \frac{V_L(s)}{sL} + \frac{I(0)}{s} = 0 \tag{6.43}$$

$$V_L(s) = \frac{V_s - RI(0)}{s + \dfrac{R}{L}} \tag{6.44}$$

となる。時間応答は式 (6.44) をラプラス逆変換し，

$$V_L(t) = (V_s - RI(0))e^{-\frac{t}{\tau}} \tag{6.45}$$

が得られる。ここで時定数 τ は

$$\tau = \frac{L}{R}$$

である。流れる電流 I_L は

$$I_L\left(t\right) = \frac{V_s - V_L\left(t\right)}{R} = \frac{V_s}{R}\left(1 - e^{-\frac{t}{\tau}}\right) + I\left(0\right)e^{-\frac{t}{\tau}} \tag{6.46}$$

である。

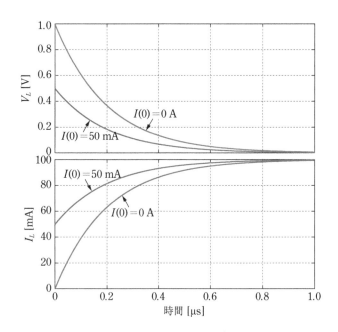

図6.19　*RL*回路のステップ応答

　図6.19に，電圧源 $V_s = 1.0\,\mathrm{V}$，インダクタンス $L = 2.0\,\mathrm{\mu H}$，抵抗 $R = 10\,\Omega$ とし，初期電流が $I(0) = 0\,\mathrm{A}$, $50\,\mathrm{mA}$ のときのインダクタの端子間電圧 V_L および流れる電流 I_L をそれぞれ示す。

　インダクタの電圧 V_L は0Vから1.0Vもしくは0.5Vに瞬間的に上昇してから時定数 τ で指数関数的に減少し0に漸近する。また，流れる電流 I_L は電圧源 V_s を抵抗 R で割ったものに漸近する。したがって，*RL* 回路のインダクタは定常状態では**短絡**とみなしても構わない。

6.6　2 次の回路系の自然応答とステップ応答

　抵抗，容量，インダクタで構成される RLC 回路では，静電エネルギーと磁気エネルギーの間の蓄積・変換があるので，電圧や電流は振動成分を有する可能性が出てくる。1 次の回路系に比べて複雑な応答になるが，s 領域のポールの位置により応答が決まるので，この点を理解する必要がある。RLC からなる静電エネルギーと磁気エネルギーの 2 つの異なるエネルギーを有する**2 次の回路系**の自然応答とステップ応答を見ていく。

6.6.1　*RLC* 直列回路の自然応答

　RLC 回路には **RLC 直列回路**と **RLC 並列回路**があるが，はじめに RLC 直列回路を取り上げる（図 6.20）。RLC 直列回路のスイッチが S 端を選択してから十分な時間が経ち，定常状態に達した場合，インダクタは短絡，容量は開放として取り扱ってよい。インダクタに電流が流れないためインダクタに蓄積されるエネルギーは 0，一方容量には電圧 V_s が印加されるため電荷が蓄積され，エネルギーが蓄積される。この状態でスイッチが G 端を選択すると，このエネルギーが放出される自然応答の状態になる。このとき，容量の端子間電圧 V_C と回路に流れる電流 I を求める。

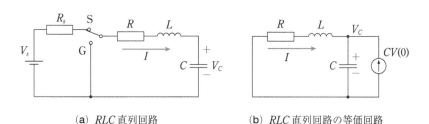

（**a**）*RLC* 直列回路　　　　（**b**）*RLC* 直列回路の等価回路

図6.20　*RLC*直列回路

　図 6.20(b) の等価回路により，キルヒホッフの電流則を用いると，

$$sCV_C(s) + \frac{V_C(s)}{R + sL} - CV(0) = 0 \tag{6.47a}$$

$$V_C(s) = \frac{s + \dfrac{R}{L}}{s^2 + s\dfrac{R}{L} + \dfrac{1}{LC}} V(0) \tag{6.47b}$$

となる。式(6.47b)の分母を0とするポールは、2次方程式の根より

$$p_{1,2} = -\frac{R}{2L} \pm \frac{1}{2}\sqrt{\left(\frac{R}{L}\right)^2 - \frac{4}{LC}} = -\frac{R}{2L} \pm \frac{1}{L}\sqrt{\left(\frac{R}{2}\right)^2 - \frac{L}{C}} \tag{6.48}$$

あるいは

$$p_{1,2} = -\frac{R}{2L}\left(1 \pm \sqrt{1 - \frac{4}{R^2}\frac{L}{C}}\right) \tag{6.49}$$

となる。これをさらに次のように変形する。

$$\left.\begin{array}{l} p_1 = \alpha + \beta \\ p_2 = \alpha - \beta \end{array}\right\} \tag{6.50}$$

ここで、

$$\left.\begin{array}{l} \alpha = -\dfrac{R}{2L} \\ \beta = \dfrac{1}{L}\sqrt{\left(\dfrac{R}{2}\right)^2 - \dfrac{L}{C}} \end{array}\right\} \tag{6.51}$$

である。αは減衰定数と呼ばれる。βは虚数の場合、振動角周波数 ω_p になる。

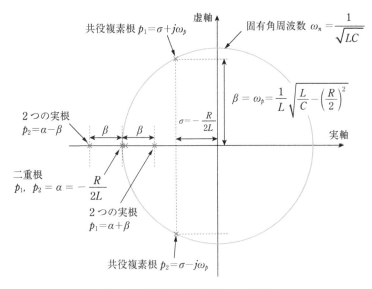

図6.21　**RLC直列回路のポールの位置**

　図6.21に，複素平面上のポールの位置を示す。式 (6.48) もしくは式 (6.49) における平方根の中が正，0，負の3つの状態に応じて，**2つの実根**，**二重根**，**共役複素根**の3つの状態をとり，それぞれ時間応答が異なる。ポールの位置は，共役複素根の場合は**固有角周波数** ω_n（自然角周波数ともいう）を半径とする円上に位置する。固有角周波数 ω_n は式 (6.48) において抵抗 R が0の場合なので，次式で与えられる。

$$\omega_n = \frac{1}{\sqrt{LC}} \tag{6.52}$$

共役複素根は式 (6.48) の平方根の中が負の場合であるので，

$$p_{1,2} = \sigma \pm j\omega_p \tag{6.53}$$

のように表現でき，式 (6.48) もしくは式 (6.51) より

$$\omega_p = \frac{1}{L}\sqrt{\frac{L}{C} - \left(\frac{R}{2}\right)^2} \tag{6.54}$$

であり，式 (6.48) もしくは式 (6.51) より

$$\sigma = \alpha = -\frac{R}{2L} \tag{6.55}$$

である。二重根の場合は2つのポールがともに実軸上の α に位置する。2つの実根の場合は式 (6.50) に示すように，実軸上の α に対して，β が加算された点と減算された点に位置する。

　次に時間応答を求める。ラプラス逆変換を行い，根が異なる場合は時間領域での応答は以下のように表すことができる。

$$V_C(t) = K_1 e^{p_1 t} + K_2 e^{p_2 t} \tag{6.56}$$

ここで式 (6.47b) より，

$$V_C(s) = \frac{s + \dfrac{R}{L}}{(s - p_1)(s - p_2)} V(0) \tag{6.57}$$

を用いて

$$\left.\begin{aligned} K_1 &= \frac{p_1 + \dfrac{R}{L}}{p_1 - p_2} V(0) \\[2ex] K_2 &= \frac{p_2 + \dfrac{R}{L}}{p_2 - p_1} V(0) \end{aligned}\right\} \tag{6.58}$$

が得られる。式 (6.58) に式 (6.50) を代入すると，

$$K_1 = \frac{\alpha + \beta + \dfrac{R}{L}}{2\beta} V(0) \left.\vphantom{\frac{\frac{R}{L}}{2\beta}}\right\}$$

$$K_2 = -\frac{\alpha - \beta + \dfrac{R}{L}}{2\beta} V(0)$$

\hfill (6.59)

となり，さらに式 (6.51) を代入すると，

$$
\begin{aligned}
K_1 &= \frac{\dfrac{R}{2L} + \dfrac{1}{L}\sqrt{\left(\dfrac{R}{2}\right)^2 - \dfrac{L}{C}}}{\dfrac{2}{L}\sqrt{\left(\dfrac{R}{2}\right)^2 - \dfrac{L}{C}}} V(0) \\
&= \frac{1}{2}\left(1 + \frac{R}{2\sqrt{\left(\dfrac{R}{2}\right)^2 - \dfrac{L}{C}}}\right) V(0) = \frac{1}{2}\left(1 + \frac{1}{\sqrt{1 - \dfrac{4L}{R^2 C}}}\right) V(0) \\
K_2 &= -\frac{\dfrac{R}{2L} - \dfrac{1}{L}\sqrt{\left(\dfrac{R}{2}\right)^2 - \dfrac{L}{C}}}{\dfrac{2}{L}\sqrt{\left(\dfrac{R}{2}\right)^2 - \dfrac{L}{C}}} V(0) \\
&= \frac{1}{2}\left(1 - \frac{R}{2\sqrt{\left(\dfrac{R}{2}\right)^2 - \dfrac{L}{C}}}\right) V(0) = \frac{1}{2}\left(1 - \frac{1}{\sqrt{1 - \dfrac{4L}{R^2 C}}}\right) V(0)
\end{aligned}
$$

\hfill (6.60)

となる。したがって，式 (6.56) より，

$$V_C(t) = K_1 e^{p_1 t} + K_2 e^{p_2 t} = \frac{V(0)}{2} e^{\alpha t}\left\{e^{\beta t} + e^{-\beta t} + \gamma\left(e^{\beta t} - e^{-\beta t}\right)\right\}$$

\hfill (6.61)

と表される。ここで，

$$\gamma = \frac{1}{\sqrt{1 - \dfrac{4L}{R^2 C}}}$$

\hfill (6.62)

である。根の状態によって3つの場合に分けて説明する。

(1) 根が2つの実根の場合

根が2つの実根の場合は，式 (6.51) の β を構成する平方根の中が正であるので，

$$\frac{R}{2} > \sqrt{\frac{L}{C}} \tag{6.63}$$

が成り立つ。このときの自然応答を求める。

$$\left. \begin{array}{l} \cosh x \equiv \dfrac{e^x + e^{-x}}{2} \\[3mm] \sinh x \equiv \dfrac{e^x - e^{-x}}{2} \end{array} \right\} \tag{6.64}$$

であるので，式 (6.61) は

$$V_C(t) = \frac{V(0)}{2} e^{\alpha t} \left\{ e^{\beta t} + e^{-\beta t} + \gamma \left(e^{\beta t} - e^{-\beta t} \right) \right\} = V(0) e^{\alpha t} \left(\cosh \beta t + \gamma \sinh \beta t \right) \tag{6.65}$$

となり，式 (6.51) と式 (6.62) を式 (6.65) に代入すると，

$$V_C(t) = V(0) e^{-\frac{R}{2L}t} \left(\cosh \left(\frac{1}{L} \sqrt{\left(\frac{R}{2} \right)^2 - \frac{L}{C}} \right) t + \frac{1}{\sqrt{1 - \frac{4L}{R^2 C}}} \sinh \left(\frac{1}{L} \sqrt{\left(\frac{R}{2} \right)^2 - \frac{L}{C}} \right) t \right) \tag{6.66}$$

となる。式 (6.66) は正確であるが，見通しが悪い。式 (6.63) の条件を厳しくすると，

$$\frac{R}{2} \gg \sqrt{\frac{L}{C}} \tag{6.67}$$

となるが，このとき

$$\sqrt{1 \pm x} \approx 1 \pm \frac{1}{2} x \tag{6.68}$$

が近似的に成り立つ。すると，式 (6.51) の β は

$$\beta = \frac{1}{L} \sqrt{\left(\frac{R}{2} \right)^2 - \frac{L}{C}} = \frac{R}{2L} \sqrt{1 - \frac{4L}{R^2 C}} \approx \frac{R}{2L} - \frac{1}{RC} \tag{6.69}$$

となるので，式 (6.67) より，

$$\frac{1}{RC} \ll \frac{R}{4L} \tag{6.70}$$

を用いて，ポール p_1, p_2 は以下のように近似できる。

$$\left. \begin{array}{l} p_1 = \alpha + \beta \approx -\dfrac{R}{2L} + \dfrac{R}{2L} - \dfrac{1}{RC} = -\dfrac{1}{RC} \\[3mm] p_2 = \alpha - \beta \approx -\dfrac{R}{2L} - \dfrac{R}{2L} + \dfrac{1}{RC} = -\dfrac{R}{L} + \dfrac{1}{RC} \approx -\dfrac{R}{L} \end{array} \right\} \tag{6.71}$$

これより留数 K_1, K_2 は，式 (6.60) において $\dfrac{4L}{R^2C} \approx 0$ と近似すると

$$\left. \begin{array}{l} K_1 \approx V(0) \\[2mm] K_2 \approx 0 \end{array} \right\} \tag{6.72}$$

となる。したがって，式 (6.61) は

$$V_C(t) \approx K_1 e^{p_1 t} = V(0) e^{-\frac{t}{\tau}}, \quad \tau = RC \tag{6.73}$$

となり，RC 回路の自然応答と等しくなる。

　定性的には式 (6.67) が成り立つ場合は，ポール p_1 の絶対値は小さくなり原点に近づき，ポール p_2 は二重根の場合の位置から約 2 倍の大きさになる。ポール p_2 による時定数が小さく，すぐに 0 になってしまうのに対し，原点に近いポール p_1 の時定数は大きく，応答はゆっくりしたものになる。したがって，全体の応答はポール p_1 に支配されるため，式 (6.73) のように 1 次の応答で近似できる。また式 (6.70) の条件は，インダクタンスが小さいときに当てはまるため，RLC 回路でインダクタンスを 0 にした回路，つまり RC 回路で近似できることを意味している。

　次に，回路を流れる電流 I は

$$I(t) = C\frac{dV_C}{dt} \tag{6.74}$$

から求めることができる。式 (6.65) より

$$\begin{aligned} I(t) = C\frac{dV_C}{dt} &= CV(0)\frac{d\left\{e^{\alpha t}\left(\cosh\beta t + \gamma\sinh\beta t\right)\right\}}{dt} \\ &= CV(0) e^{\alpha t}\left\{(\alpha + \gamma\beta)\cosh\beta t + (\alpha\gamma + \beta)\sinh\beta t\right\} \end{aligned} \tag{6.75}$$

が得られる。式 (6.73) の近似式を用いると

$$I\left(t\right) = C\frac{dV_C}{dt} \approx -\frac{CV\left(0\right)}{\tau}e^{-\frac{t}{\tau}} = -\frac{V\left(0\right)}{R}e^{-\frac{t}{\tau}} \tag{6.76}$$

と指数関数的に減少する特性となる。

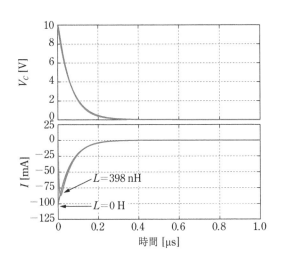

図6.22　**2つの異なる実根を持つ*RLC*回路の自然応答**

図 6.22 に，$V_s = 10\,\mathrm{V}, R_s = 1\,\mathrm{k\Omega}, R = 100\,\Omega, L = 398\,\mathrm{nH}, C = 637\,\mathrm{pF}$ のときの電圧波形と電流波形を示す。なお，式 (6.63) が成り立つ最小の抵抗 R は $50\,\Omega$ である。参考までに $L = 0\,\mathrm{H}$ としたときの自然応答も併せて示したが，ほとんど差がなく，RC 回路による 1 つのポールで応答を近似してもかなり正確なことがわかる。

(2) 根が複素根の場合

$$\frac{R}{2} < \sqrt{\frac{L}{C}} \tag{6.77}$$

の場合は，根が**複素根**となる。よって，式 (6.61) はオイラーの公式を用いて

$$\begin{aligned}
V_C\left(t\right) &= \frac{V\left(0\right)}{2}e^{\alpha t}\left\{e^{j\beta't} + e^{-j\beta't} - j\gamma'\left(e^{j\beta't} - e^{-j\beta't}\right)\right\} \\
&= V\left(0\right)e^{\alpha t}\left(\cos\beta't + \gamma'\sin\beta't\right) \tag{6.78}
\end{aligned}$$

となる。ここで

129

$$\left.\begin{aligned}\beta' &= \frac{1}{L}\sqrt{\frac{L}{C}-\left(\frac{R}{2}\right)^2} = \sqrt{\frac{1}{LC}-\left(\frac{R}{2L}\right)^2} \\ \gamma' &= \frac{1}{\sqrt{\dfrac{4L}{R^2C}-1}}\end{aligned}\right\} \tag{6.79}$$

である。したがって，式 (6.78) は

$$V_C(t) = V(0)\,e^{-\frac{R}{2L}t}$$
$$\left(\cos\left(\sqrt{\frac{1}{LC}-\left(\frac{R}{2L}\right)^2}\right)t + \frac{1}{\sqrt{\dfrac{4L}{R^2C}-1}}\sin\left(\sqrt{\frac{1}{LC}-\left(\frac{R}{2L}\right)^2}\right)t\right) \tag{6.80}$$

となる。

(3) 根が二重根の場合

$$\frac{R}{2} = \sqrt{\frac{L}{C}} \tag{6.81}$$

もしくは

$$\frac{R}{2L} = \frac{1}{\sqrt{LC}} = \omega_n \tag{6.82}$$

の場合は，2つの実根が同じ値で重なり，式 (5.41) および式 (5.42) より
$$V_C(t) = (K_{11} + K_{12}t)e^{pt} \tag{6.83}$$
となる。ここでポールは**二重根**を表し，式 (6.51) に示した α に等しい。
　留数 K_{11}, K_{12} は式 (5.41) より，

$$\left.\begin{aligned}K_{11} &= \frac{d}{ds}\left\{\left(s+\frac{R}{L}\right)V(0)\right\}\Big|_{s=\alpha} = V(0) \\ K_{12} &= \left\{\left(s+\frac{R}{L}\right)V(0)\right\}\Big|_{s=\alpha} = V(0)\frac{R}{2L}\end{aligned}\right\} \tag{6.84}$$

となる。したがって，応答は，

$$V_C(t) = V(0)\left(1+\frac{R}{2L}t\right)e^{-\frac{R}{2L}t} \tag{6.85}$$

あるいは式 (6.82) より

$$V_C(t) = V(0)\left(1 + \frac{1}{\sqrt{LC}}t\right)e^{-\frac{1}{\sqrt{LC}}t} = V(0)(1 + \omega_n t)e^{-\omega_n t} \tag{6.86}$$

である。回路を流れる電流 I は

$$I(t) = C\frac{dV_C}{dt} = -CV(0)\left(\frac{R}{2L}\right)^2 te^{-\frac{R}{2L}t} \tag{6.87}$$

あるいは式 (6.86) より

$$I(t) = C\frac{dV_C}{dt} = -CV(0)\omega_n^2 te^{-\omega_n t} \tag{6.88}$$

と表される。

図 6.23 に，$V_s = 10\,\mathrm{V}$, $R_s = 1\,\mathrm{k\Omega}$, $R = 50\,\Omega$, $L = 398\,\mathrm{nH}$, $C = 637\,\mathrm{pF}$ のときの電圧波形と電流波形を示す。電圧は指数的に減衰するときとあまり変わらないが，電流はいったん増大し，その後指数関数的に 0 に収束する応答になる。

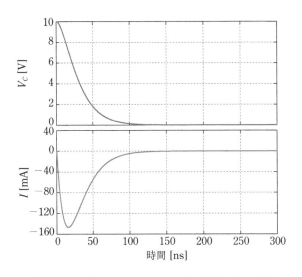

図6.23　二重根を持つ（$\zeta = 1$）RLC回路の自然応答

一般に 2 次の回路系のシステム関数 $H(s)$ は**標準形**と呼ばれる以下の式で記述できる。

$$H(s) = \frac{K\omega_n^2}{s^2 + 2\zeta\omega_n s + \omega_n^2} \tag{6.89}$$

ここで，ζ は**減衰係数**あるいは**ダンピングファクター**と呼ばれ，ω_n は式 (6.52) で示した固有角周波数である。図6.20に示した回路では

$$\left.\begin{aligned}\zeta &= \frac{R}{2}\sqrt{\frac{C}{L}} \\ \omega_n &= \frac{1}{\sqrt{LC}}\end{aligned}\right\} \tag{6.90}$$

である。これらのパラメータを用いてポールを表すと，

$$\left.\begin{aligned}p_{1,2} &= \omega_n\left(-\zeta \pm \sqrt{\zeta^2 - 1}\right) \\ p_{1,2} &= \zeta\omega_n\left(-1 \pm \sqrt{1 - \frac{1}{\zeta^2}}\right)\end{aligned}\right\} \tag{6.91}$$

となる。ダンピングファクター ζ は1より大きい場合で**2つの実根**，1で**二重根**，1より小さい場合で**複素根**を表す。また α と β には，以下の関係がある。

$$\left.\begin{aligned}\alpha &= -\zeta\omega_n \\ \beta &= \omega_n\sqrt{\zeta^2 - 1}\end{aligned}\right\} \tag{6.92}$$

図6.24に，抵抗 R を変えてダンピングファクターを変えたときの RLC 回路の自然応答を示す。ダンピングファクターが1よりかなり小さいと，ほとんど減少しないで振動が持続する。ダンピングファクターが1よりも小さく，1に近いと減少しながら振動する。ダンピングファクターが1では振動せずに減少し，1以上では振動せずに緩やかに減少する。

電気回路，電子回路，制御回路の設計において，ダンピングファクターの設定が重要になる。振動させず，かつ速めに安定させるにはダンピングファクターを0.7から1.0程度にすることが多い。

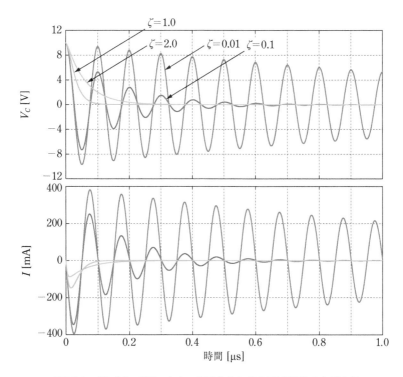

図6.24　ダンピングファクターを変えたときの*RLC*回路の自然応答

6.6.2　*RLC* 直列回路のステップ応答

　次に，*RLC* 直列回路のステップ応答を見ていく。図6.25に *RLC* 直列回路を示す。はじめスイッチが G 端を選択し，インダクタ *L* を流れる電流を0，容量 *C* に蓄積される電荷も0とし，容量の電圧 V_C を0とする。次に，時刻 $t = 0$ でスイッチが S 端を選択した。このときの電圧 V_C および電流 *I* を求める。

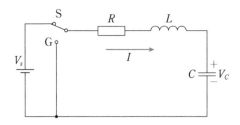

図6.25　*RLC*直列回路に一定電圧を印加したとき

キルヒホッフの電圧則を用いると，

$$\frac{V_s}{s} = I(s)\left(R + sL + \frac{1}{sC}\right) \tag{6.93}$$

$$V_C(s) = \frac{I(s)}{sC} \tag{6.94}$$

となる。式 (6.93) および式 (6.94) より

$$I(s) = \frac{V_s}{L}\frac{1}{s^2 + s\dfrac{R}{L} + \dfrac{1}{LC}} \tag{6.95}$$

$$V_C(s) = \frac{V_s}{LC}\frac{1}{s\left(s^2 + s\dfrac{R}{L} + \dfrac{1}{LC}\right)} \tag{6.96}$$

である。式 (6.95) の分母はポール p_1, p_2 を用いて

$$s^2 + s\frac{R}{L} + \frac{1}{LC} = (s - p_1)(s - p_2) \tag{6.97}$$

と表されるが，これは式 (6.48) に示した *RLC* 直列回路のポールと同じである。つまり，式 (6.95) の時間応答は

$$\left.\begin{array}{l} I = K_1 e^{p_1 t} + K_2 e^{p_2 t} \\ K_1 = \dfrac{V_s}{L}\dfrac{1}{p_1 - p_2} \\ K_2 = -K_1 \end{array}\right\} \tag{6.98}$$

となる。したがって，式 (6.50) および式 (6.51) を用いて

$$I\,(t) = K_1\left(e^{p_1 t} - e^{p_2 t}\right) = \frac{V_s}{R}\frac{1}{\sqrt{1 - \dfrac{4L}{R^2 C}}}e^{\alpha t}\left(e^{\beta t} - e^{-\beta t}\right) \tag{6.99}$$

となり，留数は異なるが RLC 直列回路の自然応答と相似な応答になる。

電圧 V_C を，

$$V_C\,(s) = \frac{V_s}{LC}\frac{1}{s\,(s - p_1)(s - p_2)} \tag{6.100}$$

と表すと，式 (5.39) より p_1, p_2 が二重根以外の場合は，

$$V_C\,(t) = \frac{V_s}{LC}\left\{K_0 + K_1 e^{p_1 t} + K_2 e^{p_2 t}\right\} \tag{6.101}$$

となる。ただし，

$$\left.\begin{array}{l}
K_0 = \dfrac{1}{p_1 p_2} = LC \\[2mm]
K_1 = \dfrac{1}{p_1\,(p_1 - p_2)} = 2\left(\dfrac{L}{R}\right)^2 \dfrac{1}{1 - \dfrac{4L}{R^2 C} + \sqrt{1 - \dfrac{4L}{R^2 C}}} \\[4mm]
K_2 = \dfrac{1}{p_2\,(p_2 - p_1)} = 2\left(\dfrac{L}{R}\right)^2 \dfrac{1}{1 - \dfrac{4L}{R^2 C} - \sqrt{1 - \dfrac{4L}{R^2 C}}}
\end{array}\right\} \tag{6.102}$$

である。つまり，第1項のみが電圧のステップ印加で生じたもので，第2項以降は，留数は異なるが，RLC 直列回路の自然応答と同じ応答になる。したがって，ステップ電圧で生じた定常的な応答と自然応答が合わさった特性となる。

図 6.26 に，RLC 直列回路のステップ応答を示す。ここで，$V_s = 10\,\mathrm{V}$, $L = 398\,\mathrm{nH}$, $C = 637\,\mathrm{pF}$ である。抵抗 $R = 50\,\Omega$ のときにダンピングファクターが1であり，ダンピングファクターが0.01から2まで変化するように抵抗 R の値を変えている。図 6.24 に示した自然応答と比較すると，電流波形の極性は逆であるがほぼ同じであり，電圧波形は自然応答の極性を逆にして初期値が0，最終値が V_s になるような電圧変換を施した応答となっている。

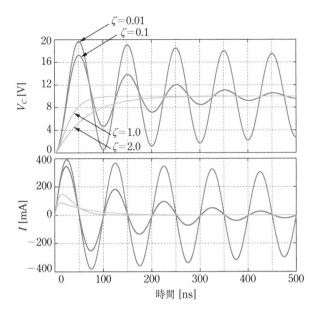

図6.26　*RLC*直列回路のステップ応答

6.6.3　*RLC* 並列回路の自然応答

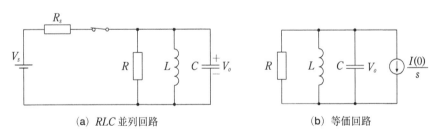

（a）*RLC* 並列回路　　　　　　　（b）等価回路

図6.27　*RLC*並列回路

　図6.27に **RLC 並列回路**とその等価回路を示す。はじめスイッチを閉じ，定常状態では容量の電圧 V_o は0であるが，インダクタには電流 $I(0) = V_s/R_s$ が流れている。次にスイッチを開いた。このときの *RLC* 並列回路の応答を考える。

　等価回路より，キルヒホッフの電流則を適用して

$$V_o(s)\left(\frac{1}{R} + \frac{1}{sL} + sC\right) + \frac{I(0)}{s} = 0 \tag{6.103}$$

となる。したがって，

$$V_o(s) = -\frac{I(0)}{s\left(\dfrac{1}{R} + \dfrac{1}{sL} + sC\right)} = -\frac{I(0)}{C}\frac{1}{s^2 + s\dfrac{1}{RC} + \dfrac{1}{LC}} \tag{6.104}$$

である。式 (6.104) の分母を 0 とするポールは 2 次方程式の根より

$$p_{1,2} = -\frac{1}{2RC} \pm \frac{1}{2C}\sqrt{\frac{1}{R^2} - 4\frac{C}{L}} \tag{6.105}$$

あるいは

$$p_{1,2} = -\frac{1}{2RC}\left(1 \pm \sqrt{1 - 4R^2\frac{C}{L}}\right) \tag{6.106}$$

となる。これを

$$\left.\begin{array}{l} p_1 = \alpha + \beta \\ p_2 = \alpha - \beta \end{array}\right\} \tag{6.107}$$

と変形する。ここで，

$$\left.\begin{array}{l} \alpha = -\dfrac{1}{2RC} \\[2mm] \beta = \dfrac{1}{2C}\sqrt{\dfrac{1}{R^2} - 4\dfrac{C}{L}} \end{array}\right\} \tag{6.108}$$

である。図 6.28 に複素平面上のポールの位置を示す。なお，β が虚数の場合，β の絶対値は振動角周波数 ω_p に等しい。

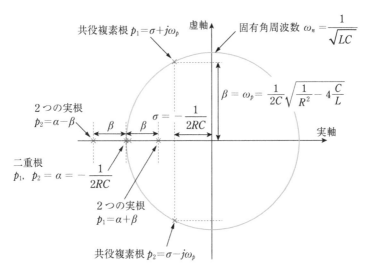

図6.28　*RLC*並列回路のポールの位置

　ラプラス逆変換を行い，根が異なる場合は時間領域での応答は以下のように表すことができる。

$$V_o\,(t) = K_1\,e^{p_1 t} + K_2\,e^{p_2 t} \tag{6.109}$$

ここで式 (5.38) および式 (6.104) より，

$$V_o\,(s) = -\frac{I\,(0)}{C}\frac{1}{s^2 + s\dfrac{1}{RC} + \dfrac{1}{CL}} = -\frac{I\,(0)}{C}\frac{1}{(s - p_1)(s - p_2)} \tag{6.110}$$

を用いて，

$$\left.\begin{array}{l}K_1 = -\dfrac{I\,(0)}{C}\dfrac{1}{p_1 - p_2} \\[3mm] K_2 = -\dfrac{I\,(0)}{C}\dfrac{1}{p_2 - p_1} = -K_1\end{array}\right\} \tag{6.111}$$

が得られる。式 (6.111) に式 (6.107) を代入すると，

$$K_1 = -\frac{I(0)}{C}\frac{1}{p_1 - p_2} = -\frac{I(0)}{C}\frac{1}{2\beta} = -\frac{I(0)}{C}\frac{1}{\dfrac{1}{C}\sqrt{\dfrac{1}{R^2} - 4\dfrac{C}{L}}}$$

$$= -\frac{I(0)R}{\sqrt{1 - 4R^2\dfrac{C}{L}}} \tag{6.112}$$

$$K_2 = -K_1 = \frac{I(0)R}{\sqrt{1 - 4R^2\dfrac{C}{L}}}$$

となり，したがって，

$$V_o(t) = K_1 e^{p_1 t} - K_1 e^{p_2 t} = K_1\left(e^{p_1 t} - e^{p_2 t}\right) = K_1\left(e^{(\alpha - \beta)t} - e^{(\alpha + \beta)t}\right)$$
$$= -K_1 e^{\alpha t}\left(e^{\beta t} - e^{-\beta t}\right) = -2K_1 e^{\alpha t}\sinh\beta t \tag{6.113}$$

と表される。根の状態によって3つの場合に分けて説明する。

(1) 根が2つの実根の場合

根が2つの実根の場合，式 (6.105) の平方根の中が正であるので，

$$\frac{1}{R^2} > 4\frac{C}{L} \tag{6.114}$$

もしくは

$$R < \frac{1}{2}\sqrt{\frac{L}{C}} \tag{6.115}$$

が成り立つ。ここで，RLC 直列回路の場合と同様に

$$\sqrt{1 - 4R^2\frac{C}{L}} \approx 1 - 2R^2\frac{C}{L} \tag{6.116}$$

の近似が成り立つ場合は，式 (6.107) より

$$\left.\begin{array}{l} p_1 \approx -\dfrac{R}{L} \\[2mm] p_2 \approx -\dfrac{1}{RC} + \dfrac{R}{L} \end{array}\right\} \tag{6.117}$$

となる。ここで，$|p_2| \gg |p_1|$ であるので，式 (6.113) は

$$V_o(t) \approx K_1 e^{p_1 t} = -\frac{I(0)R}{\sqrt{1 - 4R^2 \dfrac{C}{L}}} e^{-\frac{R}{L}t} \approx -I(0)Re^{-\frac{R}{L}t} \tag{6.118}$$

と近似できる。

(2) 根が複素根の場合

$$\frac{1}{RC} < \frac{2}{\sqrt{LC}} \tag{6.119}$$

もしくは

$$R > \frac{1}{2}\sqrt{\frac{L}{C}} \tag{6.120}$$

の場合は，根が共役関係にある2つの複素根になるので，式 (6.107) は以下のように書き換えることができる。

$$\left.\begin{array}{l} p_1 = \alpha + j\beta' \\ p_2 = \alpha - j\beta' \end{array}\right\} \tag{6.121}$$

ここで，

$$\alpha = -\frac{1}{2RC} \tag{6.122}$$

$$\beta' = \frac{1}{2C}\sqrt{4\frac{C}{L} - \frac{1}{R^2}} \tag{6.123}$$

である。したがって，式 (6.113) は

$$V_o(t) = K_1\left(e^{p_1 t} - e^{p_2 t}\right) = K_1 e^{\alpha t}\left(e^{j\beta' t} - e^{-j\beta' t}\right) = 2jK_1 e^{\alpha t}\sin\beta' t \tag{6.124}$$

となる。K_1 は，式 (6.112) において平方根の中が負であることを考慮して，

$$K_1 = -\frac{I(0)R}{\sqrt{1 - 4R^2 \dfrac{C}{L}}} = -\frac{I(0)R}{j\sqrt{4R^2 \dfrac{C}{L} - 1}} \tag{6.125}$$

となる。したがって，式 (6.124) は

$$V_o(t) = 2jK_1 e^{\alpha t}\sin\beta' t = -\frac{2I(0)R}{\sqrt{4R^2 \dfrac{C}{L} - 1}} e^{-\frac{t}{2RC}}\sin\left(\frac{1}{2RC}\sqrt{4R^2 \frac{C}{L} - 1}\right)t \tag{6.126}$$

となる。ここで

$$4R^2\frac{C}{L} \gg 1 \tag{6.127}$$

の場合，式 (6.126) は

$$V_o\,(t) = -\,I\,(0)\sqrt{\frac{L}{C}}\,e^{-\frac{t}{2RC}}\sin\left(\frac{1}{\sqrt{LC}}\right)t \tag{6.128}$$

と近似できる。インダクタ L と容量 C の回路では，特性インピーダンス Z_0 と共振角周波数 ω_o が以下で表されることを考えると，これは妥当な結果である。

$$\left.\begin{array}{l} Z_0 = \sqrt{\dfrac{L}{C}} \\[2mm] \omega_o = \dfrac{1}{\sqrt{LC}} \end{array}\right\} \tag{6.129}$$

(3) 根が二重根の場合

$$4R^2\frac{C}{L} = 1 \tag{6.130}$$

の場合は，2 つの実根は同じ値で重なり，式 (5.41) および式 (5.42) より

$$V_o\,(t) = (K_{11} + K_{12}\,t)e^{pt} \tag{6.131}$$

となる。ここでポールは二重根を表し，式 (6.108) に示した α に等しい。

留数 K_{11}, K_{12} は式 (5.41) より

$$\left.\begin{array}{l} K_{11} = \dfrac{d}{ds}\left\{-\dfrac{I\,(0)}{C}\right\}\Bigg|_{s=\alpha} = 0 \\[3mm] K_{12} = \left\{-\dfrac{I\,(0)}{C}\right\}\Bigg|_{s=\alpha} = -\dfrac{I\,(0)}{C} \end{array}\right\} \tag{6.132}$$

となる。したがって，応答は

$$V_o\,(t) = -\frac{I\,(0)}{C}\,t\,e^{-\frac{1}{2RC}t} \tag{6.133}$$

と表される。

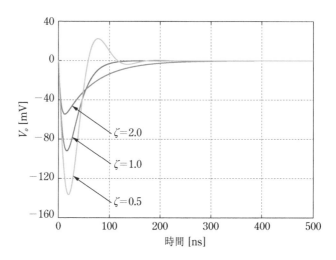

図6.29 *RLC並列回路の自然応答1*

　図6.29に，**ダンピングファクター** ζ を0.5から2.0まで変化させたときの *RLC* 並列回路の自然応答を示す。$V_s = 10\,\mathrm{V}$, $R_s = 1\,\mathrm{k\Omega}$, $L = 398\,\mathrm{nH}$, $C = 637\,\mathrm{pF}$ であり，$\zeta = 2$ のときの抵抗 R は $6.25\,\Omega$, $\zeta = 1$ のときの抵抗 R は $12.5\,\Omega$, $\zeta = 0.5$ のときの抵抗 R は $25\,\Omega$ である。ここで，ダンピングファクター ζ は式 (6.89)，式 (6.104) より

$$\zeta = \frac{1}{2R}\sqrt{\frac{L}{C}} \tag{6.134}$$

である。スイッチを開くと，インダクタに流れている電流がそのまま流れ続けようとするので，極性が負の電圧が発生し，発生電圧が抵抗に印加される。よって，抵抗に電流が流れ，エネルギーが失われて電圧は0に向かって減衰するような応答特性になる。

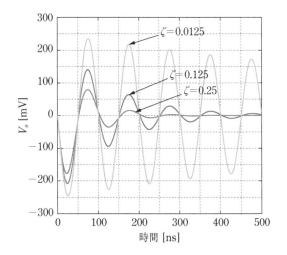

図6.30　*RLC並列回路の自然応答2*

図 6.30 に，ダンピングファクター ζ を 0.25 から 0.0125 まで変化させたときの *RLC* 並列回路の自然応答を示す。ダンピングファクターが小さくなると振動成分が強く現れ，ダンピングファクターが小さいほど振動は持続する。

6.7　特殊な波形に対する応答

これまでは，主として自然応答とステップ応答を見てきたが，ここでは，いくつかの特殊な波形に対する応答を述べる。

6.7.1　単独波形のラプラス変換

単独波形のラプラス変換は波形が存在している時間区間で積分することにより得られる。例えば図 6.31 (a) の**単独方形波**の場合のラプラス変換は

$$\mathcal{L}\left[f_1\left(t\right)\right]=\int_a^b e^{-st}dt=-\frac{1}{s}e^{-st}\bigg|_a^b=\frac{1}{s}\left(e^{-as}-e^{-bs}\right) \tag{6.135}$$

となる。このことは波形 $f_1(t)$ が時間をずらした 2 つの単位ステップ波形の合成から表せることからもわかる。式 (5.23) に示すように，時間を T 遅らせたときのラプラス変換は時間波形 $f(t)$ のラプラス変換 $F(s)$ に e^{-sT} を掛けることで得られるので，図 6.31 (a)

に赤で示した時刻 a から始まる単位ステップ波形は $\frac{1}{s}e^{-as}$，青で示した時刻 b から始まる逆極性の単位ステップ波形は $-\frac{1}{s}e^{-bs}$ である。したがって，これをラプラス変換したものは式 (6.135) と等しくなる。

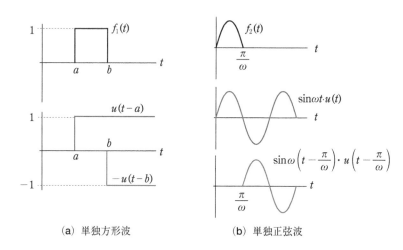

（a）単独方形波　　　　　　（b）単独正弦波

図6.31　単独波形に対する応答

　図6.31(b) の**単独正弦波**の場合のラプラス変換は，図6.31(b) に示した赤の波形と青の波形を加算したものである。したがって，時間関数 $f_2(t)$ は

$$f_2(t) = \sin\omega t \cdot u(t) + \sin\omega\left(t - \frac{\pi}{\omega}\right) \cdot u\left(t - \frac{\pi}{\omega}\right) \tag{6.136}$$

となる。第1項のラプラス変換は式 (5.21) から $\frac{\omega}{s^2 + \omega^2}$，第2項は式 (5.23) で示した時間を遅らせたときのラプラス変換を用いて $\frac{\omega}{s^2 + \omega^2} \cdot e^{-\frac{\pi}{\omega}s}$ であるので，式 (6.136) のラプラス変換は

$$\mathcal{L}[f_2(t)] = \frac{\omega}{s^2 + \omega^2}\left(1 + e^{-\frac{\pi}{\omega}s}\right) \tag{6.137}$$

となる。

6.7.2　繰り返す波形のラプラス変換

図6.32(b)(c) に示すような単独波形 $f(t)$ が一定周期で繰り返す場合のラプラス変換を考える。図6.32(b) の時間関数 $f_1(t)$，図6.32(c) の時間関数 $f_2(t)$ はそれぞれ

$$f_1(t) = f(t) + f(t-T) + f(t-2T) + \cdots \tag{6.138}$$

$$f_2(t) = f(t) - f(t-T) + f(t-2T) - \cdots \tag{6.139}$$

と表される。$\mathcal{L}[f(t)] = F(s)$ として式 (5.23) に示した時間を遅らせたときのラプラス変換を用いると，

$$F_1(s) = F(s)\left(1 + e^{-Ts} + e^{-2Ts} + \cdots\right) = \frac{F(s)}{1 - e^{-Ts}} \tag{6.140}$$

$$F_2(s) = F(s)\left(1 - e^{-Ts} + e^{-2Ts} - \cdots\right) = \frac{F(s)}{1 + e^{-Ts}} \tag{6.141}$$

となる。図6.32(a) の単独方形波では，式 (6.135) で $a = 0$，$b = \tau$ とおいて，

$$F(s) = \frac{1}{s}\left(1 - e^{-\tau s}\right) \tag{6.142}$$

となる。したがって，

$$F_1(s) = \frac{1}{s}\frac{1 - e^{-\tau s}}{1 - e^{-Ts}} \tag{6.143}$$

$$F_2(s) = \frac{1}{s}\frac{1 - e^{-\tau s}}{1 + e^{-Ts}} \tag{6.144}$$

となる。

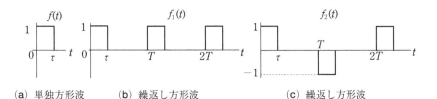

(a) 単独方形波　　　(b) 繰返し方形波　　　(c) 繰返し方形波

図6.32　単独方形波と繰返し方形波

6.7.3 方形波に対する応答

方形波に対する回路の応答もよく用いられる。例えば図6.33(a) に示す RC 回路に，図6.33(b) の方形波を入力したときの容量 C の電圧 V_C を求める。このとき，容量 C の初期電荷は0とする。電圧の分圧から，

$$V_C(s) = \frac{\frac{1}{sC}}{R + \frac{1}{sC}} V_s = \frac{1}{1 + RCs} V_s = \frac{1}{1 + \tau s} V_s = \frac{1}{\tau} \frac{1}{s + \frac{1}{\tau}} V_s \tag{6.145}$$

なので，式 (6.142) に示した V_s の方形波表現 $V_s = \frac{1}{s}(1 - e^{-t_1 s})$ を用いて

$$V_C(s) = \frac{1}{\tau} \frac{1 - e^{-t_1 s}}{s\left(s + \frac{1}{\tau}\right)} \tag{6.146}$$

と表せる。ここで，式 (5.38) に示したヘビサイドの展開定理より，式 (6.146) を以下のように展開する。

$$V_C(s) = \frac{1}{\tau} \frac{1 - e^{-t_1 s}}{s\left(s + \frac{1}{\tau}\right)} = \left(\frac{1}{s} - \frac{1}{s + \tau} - \frac{e^{-t_1 s}}{s} + \frac{e^{-t_1 s}}{s + \tau}\right) \tag{6.147}$$

したがって，式 (5.23) に示した時間を遅らせたときのラプラス変換より，時間応答は，

$$V_C(t) = \left(1 - e^{-\frac{t}{\tau}}\right)u(t) - \left(1 - e^{-\frac{t - t_1}{\tau}}\right)u(t - t_1) \tag{6.148}$$

となり，$t = 0$ からはじまるステップ応答と $t = t_1$ からはじまるステップ応答を加算したものになる。

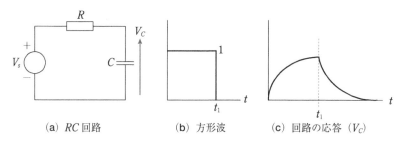

(a) RC 回路　　　(b) 方形波　　　(c) 回路の応答（V_C）

図6.33　方形波に対する RC 回路の応答

　方形波に対する RC 回路の応答として，特徴的なゼロを有する RC 積分回路と RC 微分回路について見ていく。

(1) RC 積分回路におけるゼロの効果

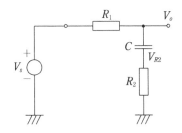

図6.34　***RC*積分回路におけるゼロの形成**

　図 6.34 の ***RC* 積分回路**において，容量に抵抗を挿入するとゼロが形成される。このときのステップ応答を求め，**ゼロの効果**を見ていく。容量 C の初期電荷は 0，挿入した抵抗に生じる電圧を V_{R2} とする。大きさ V_s のステップ波を印加したときの出力電圧 V_o は

$$V_o(s) = \frac{R_2 + \dfrac{1}{sC}}{R_1 + R_2 + \dfrac{1}{sC}} \frac{V_s}{s} = \frac{1 + sCR_2}{1 + sC(R_1 + R_2)} \frac{V_s}{s}$$

$$= \frac{R_2}{R_1 + R_2} \frac{s + \dfrac{1}{CR_2}}{s\left(s + \dfrac{1}{C(R_1 + R_2)}\right)} V_s \tag{6.149}$$

であるので，ポール p とゼロ z は

$$\left. \begin{aligned} p &= -\frac{1}{C(R_1 + R_2)} \\ z &= -\frac{1}{CR_2} \end{aligned} \right\} \tag{6.150}$$

である。式 (6.149) は以下のように記述できる。

$$V_o(s) = \frac{K_0}{s} + \frac{K_1}{s + \dfrac{1}{C(R_1 + R_2)}} \tag{6.151}$$

留数 K_0, K_1 は

$$K_0 = \frac{R_2}{R_1 + R_2} V_s \frac{\dfrac{1}{CR_2}}{\dfrac{1}{C(R_1 + R_2)}} = V_s$$

$$\left.\begin{array}{l} \\ \\ \end{array}\right\}$$

$$K_1 = \frac{R_2}{R_1 + R_2} V_s \frac{\dfrac{-1}{C(R_1 + R_2)} + \dfrac{1}{CR_2}}{\dfrac{-1}{C(R_1 + R_2)}} = - V_s \left(\frac{R_1}{R_1 + R_2} \right) \qquad (6.152)$$

である。したがって，出力電圧 $V_o(t)$ は

$$\left.\begin{array}{l} V_o\,(t) = \left(1 - \dfrac{R_1}{R_1 + R_2}\, e^{-\frac{t}{\tau}} \right) V_s \\ \tau = C\,(R_1 + R_2) \end{array}\right\} \qquad (6.153)$$

になる。V_{R2} は $t = 0$ において初期電荷が 0 であるので，電荷保存則により容量の端子間電圧は 0 である。したがって，$t = 0$ のときの出力電圧に等しいことから

$$V_{R2} = V_o\,(0) = \frac{R_2}{R_1 + R_2} V_s \qquad (6.154)$$

となり，電圧 V_s を抵抗 R_1, R_2 で分圧した電圧となる。このことは容量の端子間電圧が 0 であることからも理解できる。

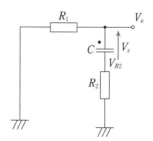

図6.35　$V_s = 0$ のときの状態

　図6.35に示すように，ステップ波の電圧 V_s が入力してから時定数 τ に対して十分長い時間 T が経ち，出力電圧 V_o が入力電圧 V_s にほぼ等しくなり，その後，入力電圧が 0 になったときの出力電圧 V_o を求める。この状態では，容量 C の蓄積電荷を考慮してキルヒホッフの電圧則から，次式が成り立つ。

$$\frac{V_o\,(s)}{R_1} + \frac{\left(V_o\,(s) - \dfrac{V_s}{s} \right)}{R_2 + \dfrac{1}{sC}} = 0 \qquad (6.155)$$

これより

$$V_o(s) = \frac{R_1}{R_1 + R_2} \frac{1}{s + \dfrac{1}{C(R_1 + R_2)}} V_s \tag{6.156}$$

となり，ラプラス逆変換し，時刻 t が $t-T$ に移動することを考慮すると，時間応答は

$$V_o(t) = \frac{R_1}{R_1 + R_2} V_s e^{-\frac{t-T}{\tau}} \tag{6.157}$$

になる。$t = T$ では

$$\Delta V_o(T) = -\frac{R_2}{R_1 + R_2} V_s \tag{6.158}$$

のオフセット電圧を生じる。また，V_{R2} は

$$V_{R2}(T) = -\frac{R_2}{R_1 + R_2} V_s \tag{6.159}$$

となる。この様子を図6.36に示す。このようにゼロがある場合は，各ポールで決まる応答の係数が異なることから，オフセット電圧が生じる場合がある。

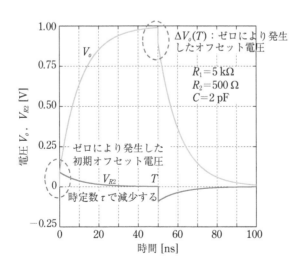

図6.36　ゼロがあるときの*RC*積分回路の方形波応答

(2) RC 微分回路の応答

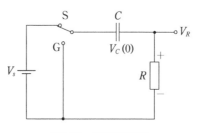

図6.37 **RC微分回路**

図6.37の **RC 微分回路**において，スイッチが G 端を選択し容量の初期電圧を $V_C(0)$ とする。時刻 $t = 0$ においてスイッチが S 端を選択し，時刻 $t = T$ においてスイッチが G 端を選択したときの電圧 V_R の波形を求める。

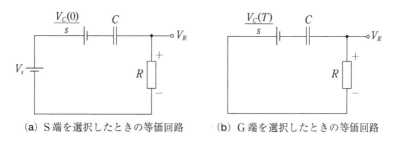

（a）S 端を選択したときの等価回路　　（b）G 端を選択したときの等価回路

図6.38 **初期値を考慮したときの等価回路**

図6.38(a) はスイッチが S 端を選択したときの初期値を考慮した等価回路である。また，図6.38(b) はスイッチが G 端を選択したときの初期値を考慮した等価回路である。まず，スイッチが S 端を選択したとき，

$$V_R(s) = (V_s - V_C(0)) \frac{1}{s + \dfrac{1}{RC}} \tag{6.160}$$

が成り立つ。したがって，これをラプラス逆変換すると，

$$V_R\,(t) = (V_s - V_C\,(0))e^{-\frac{t}{\tau}} \left.\right\}$$
$$\tau = RC$$
$$(6.161)$$

となる。

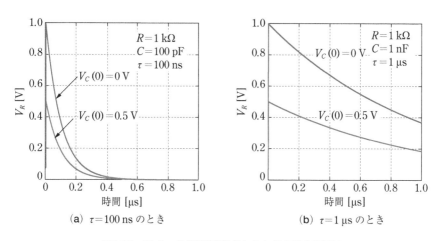

(a) $\tau = 100\,\text{ns}$ のとき　　　　(b) $\tau = 1\,\mu\text{s}$ のとき

図6.39　スイッチがS端を選択したときの出力電圧V_R

図 6.39(a) に，$C = 100\,\text{pF}$, $R = 1\,\text{k}\Omega$ で $\tau = 100\,\text{ns}$ のときの $V_C(0) = 0\,\text{V}$ および 0.5 V のときの電圧における出力電圧 V_R を示す。また図 6.39(b) に，$C = 1\,\text{nF}$, $R = 1\,\text{k}\Omega$ で $\tau = 1\,\mu\text{s}$ のときの $V_C(0) = 0\,\text{V}$ および 0.5 V のときの電圧における出力電圧 V_R を示す。容量の初期電圧 $V_C(0)$ だけ電圧が降下して出力電圧 V_R に現れ，時定数 τ で指数的に減衰する。また時定数が大きいほど電圧変化がゆっくりであることがわかる。

次に，スイッチが G 端を選択したとき，

$$V_R\,(s) = -V_C\,(T)\frac{1}{s + \dfrac{1}{RC}}$$
$$(6.162)$$

が成り立つ。したがって，これをラプラス逆変換すると，

$$V_R\,(t) = -V_C\,(T)\,e^{-\frac{t}{\tau}} \left.\right\}$$
$$\tau = RC$$
$$(6.163)$$

となる。ここで，$V_C(T)$ は時刻 T における容量 C に残っている電圧である。

図6.40に，時定数が異なる RC 微分回路の方形波応答を示す．図6.40(a) は $\tau = 100\,\mathrm{ns}$ のとき，図6.40(b) は $\tau = 1\,\mathrm{\mu s}$ のときである．時定数 τ が時刻 T に比べて十分小さいとき，容量 C に残っている電圧 V_C が印加電圧 V_s に等しいため，スイッチが G 端を選択したときはほぼ $-V_s$ からはじまり，時間とともに $0\,\mathrm{V}$ に収束する．一方，時定数 τ が時刻 T に比べて十分小さくないときの容量 C に残っている電圧 V_C は

$$V_C(T) = V_s - (V_s - V_C(0))e^{-\frac{T}{\tau}} \tag{6.164}$$

となり，スイッチが G 端を選択したときはほぼ $-V_C(T)$ からはじまり，時間とともに $0\,\mathrm{V}$ に収束する．ただし，スイッチが G 端を選択したときの電圧変化 ΔV_R は

$$\Delta V_R = -V_C(T) - (V_s - V_C(0))e^{-\frac{T}{\tau}} = -V_s \tag{6.165}$$

となり，電圧 V_s に等しい．

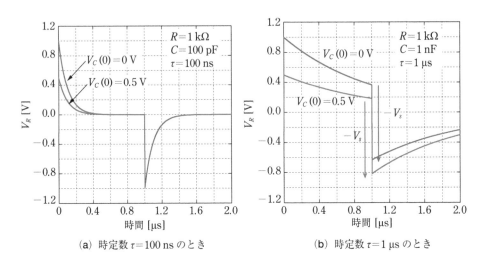

(a) 時定数 $\tau = 100\,\mathrm{ns}$ のとき　　(b) 時定数 $\tau = 1\,\mathrm{\mu s}$ のとき

図6.40　*RC*微分回路の方形波応答

COLUMN　**1次の回路系と2次の回路系**

　抵抗と容量で構成される回路，もしくは抵抗とインダクタで構成される回路は1次の回路系で，その時間応答に振動成分は現れない。一方，抵抗，容量，インダクタで構成される回路は2次の回路系で，条件によっては振動成分が現れる。この振動成分は信号を伝送するときに障害となる。例えば信号を伝送するとき，回路として図1(a) に示すような RC 回路と考える。抵抗 R は 8 Ω から 64 Ω までとし，容量は 10 pF，ステップ波は 0 V から 1 V に遷移するものとする。その応答を図1(b) に示す。抵抗が小さい方が時定数が小さいので，高速で信号を伝送できる。

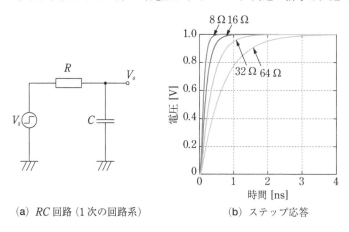

　　　(a) RC 回路（1次の回路系）　　　　　(b) ステップ応答

図1　RC回路とそのステップ応答

　しかし実際の回路では，抵抗と容量を接続する配線が必要で，この配線はインダクタンス成分を持つ。一般的には，1 mm につき 1 nH 程度のインダクタンスになる。このインダクタを考慮した回路を図2(a) に示す。5 mm の長さの配線を仮定し，インダクタンスを 5 nH とした。また，そのステップ応答を図2(b) に示す。抵抗が 8 Ω や 16 Ω と低い場合は振動成分であるリンギングが大きく，信号は短時間では 1 V に収束しない。もしもインダクタを考慮しない RC 回路モデルの結果から抵抗を低く設定すると，実際の回路ではリンギングが発生して高速な信号伝送が困難になることに注意が必要である。また，抵抗が 64 Ω の場合，リンギングは発生しないが，応答が遅い。抵抗が 32 Ω 程度の場合は若干リンギングがあるが，収束が速く高速な信号伝送が可能である。

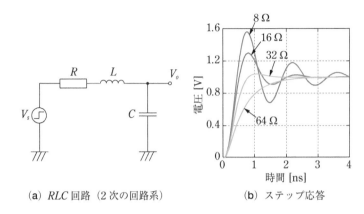

| (a) RLC 回路（2次の回路系） | (b) ステップ応答 |

図2 **RLC回路とそのステップ応答**

　このように，2次の回路系の場合は抵抗が低いほど高速伝送に適しているとはいえず，最適値がある。その鍵を握るものがダンピングファクターである。*RLC* 直列回路の場合のダンピングファクター ζ は，式 (6.90) から

$$\zeta = \frac{R}{2}\sqrt{\frac{C}{L}}$$

となる。信号の収束であるセットリングを速くするダンピングファクターは0.7～1.0といわれており，抵抗 R が32 Ω では ζ は0.7になるので，最適値に近い値である。

　RC のみ考慮する1次の回路系は簡単であるが，実際の回路は必ずインダクタンスが存在するので2次の回路系になる。2次の回路系は計算が複雑になるので厄介であるが，その特性は，式 (6.90) に示したダンピングファクター ζ と固有角周波数 ω_n に支配されるので，この値を押さえておくことが重要である。

● 演習問題

6.1　図問6.1の回路において，はじめスイッチSWが開かれており，容量 C_1 には電圧 V_0 が発生している。容量 C_2 には電荷がなく，電圧 V_C は0であったとする。$t = 0$ においてスイッチSWを閉じたとき，電圧 V_C の時間応答を求めよ。

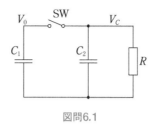

図問6.1

6.2　図問6.2はエアコンの制御回路である。以下の問いに答えよ。

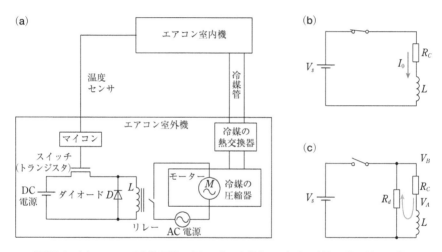

図問6.2　**(a)エアコンの制御回路。(b)スイッチがオンのときの制御回路の等価回路。**
(c)スイッチがオフのときの制御回路の等価回路。

(1)図問6.2(b)において，スイッチがオンのときのインダクタに流れる直流電流I_0
を求めよ。

(2)$t = 0$の時刻においてスイッチをオフにした。インダクタの初期電流を上記で
求めた直流電流I_0として，図問6.2(c)の回路のs領域の等価回路を示せ。

(3)キルヒホッフの電流則を用い，ラプラス変換と逆変換を用いてV_Aの時間応答
を求めよ。

(4)(3)の結果から，V_Bの時間応答を求めよ。時刻$t = 0$の直後にどのぐらいの負
電圧V_Bが発生するか。

(5)スイッチのトランジスタの両端に大きな電圧が発生すると壊れる。

$V_s = 30\,\text{V}$, $R_C = 6\,\Omega$, トランジスタの両端の耐圧を80Vとする。スイッチの トランジスタが壊れないためには, ダイオードDの抵抗R_dをいくら未満にす ればよいか。

6.3 図問6.3の回路において, 以下の問いに答えよ。ただし, $V_s = 10\,\text{V}$, $L_1 = 1\,\mu\text{H}$, $L_2 = 3\,\mu\text{H}$, $R_1 = R_2 = 20\,\Omega$とする。

(1)はじめスイッチSWを閉じ十分な定常状態に達した後, $t = 0$でスイッチを開 いた。このときの回路に流れる電流$I_o(t)$を求めよ。また, スイッチを開いた 瞬間の電流と, 十分な時間が経ち定常状態に達したときの電流を求めよ。

(2)次にスイッチSWを開いてから十分な定常状態に達した後, スイッチを閉じ た。このときの回路に流れる電流$I_s(t)$を求めよ。また, スイッチを閉じた瞬 間の電流と, 十分な時間が経ち定常状態に達したときの電流を求めよ。ただ し, 計算の都合上スイッチを閉じた時刻を$t = 0$とする。

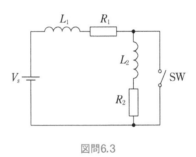

図問6.3

6.4 図問6.4の回路において, はじめスイッチSWを閉じ十分な定常状態に達した 後, $t = 0$でスイッチSWを開いた。このときの容量の電圧$V_C(t)$を求めたい。

(1)初期値を考慮して, $V_C(s)$を表すs領域の方程式を求めよ。

(2)ポールp_1, p_2を求めよ。

(3)発生する電圧が振動波形になる条件を求めよ。

(4)$V_0 = 3\,\text{V}$, $R_1 = 0.5\,\Omega$, $R_2 = 1.5\,\Omega$, $L = 0.8\,\text{H}$, $C = 0.25\,\text{F}$のときの$V_C(t)$を求 めよ。

(5)上記の数値のときのダンピングファクターζを求めよ。

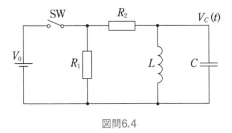

図問6.4

- システム関数と時間応答：システムの入出力信号から s 領域のシステム関数を作り出すことができ，その分母の根をポールと呼ぶ。このポール p の位置が実の単極，複素極，多重極かによってシステムの応答性や安定性が決まる。

実の単極： $p \to Ke^{pt}$

複素極： $p = \sigma \pm j\omega \to Ke^{\sigma t}\cos(\omega t + \theta)$

多重極： $p \to Kt^i e^{pt},\ Kt^i e^{\sigma t}\cos(\omega t + \theta)$

- s 領域での容量とインダクタの等価回路：容量とインダクタに関し，ラプラス変換を用いることで，電荷保存則や鎖交磁束保存則を考慮した s 領域での各素子の等価回路を作ることができる。

容量：
$$\left.\begin{aligned} V_C(s) &= \frac{I_C(s)}{sC} + \frac{V_C(0)}{s} \\ I_C(s) &= sCV_C(s) - CV_C(0) \end{aligned}\right\}$$

インダクタ：
$$\left.\begin{aligned} V_L(s) &= sLI_L(s) - LI_L(0) \\ I_L(s) &= \frac{V_L(s)}{sL} + \frac{I_L(0)}{s} \end{aligned}\right\}$$

- s 領域での電気回路の解き方：s 領域で表記された回路は，直流回路と同様にキルヒホッフの法則などの電気回路の法則を用いて解くことができる。

- RC 回路および RL 回路のステップ応答：次式のように，RC 回路と RL 回路のステップ応答では，電圧は時間とともにステップ電源の電圧 V_s に徐々に収束し，電流は徐々にゼロに収束する。

RC 回路：
$$\left.\begin{aligned} V_C(t) &= V_s\left(1 - e^{-\frac{t}{\tau}}\right) + V_0 e^{-\frac{t}{\tau}} \\ I_R(t) &= \frac{V_s - V_0}{R} e^{-\frac{t}{\tau}} \end{aligned}\right\}$$

RL 回路：
$$\left.\begin{aligned} V_L(t) &= -I(0)Re^{-\frac{t}{\tau}} \\ I_L(t) &= I(0)e^{-\frac{t}{\tau}} \end{aligned}\right\}$$

- RLC 回路の場合の応答：RLC 回路の場合は，関数が 2 次の回路系になり，ポールの位置が実根，複素根，二重根かによって応答が異なる。

実根：$p_{1,2} \rightarrow K_1 e^{p_1 t} + K_2 e^{p_2 t}$

複素根：$p = \sigma \pm j\omega \rightarrow K e^{\sigma t} \cos(\omega t + \theta)$

二重根：$p \rightarrow K t e^{pt}$

・2 次の回路系のシステム関数の標準形：2 次の回路系のシステム関数の場合は，次の標準形と呼ばれる自然角周波数 ω_n とダンピングファクター ζ を用いた s 領域の関数で記述できる。

$$H(s) = \frac{K \omega_n^2}{s^2 + 2\zeta \omega_n s + \omega_n^2}$$

ポール p_1, p_2 は

$$p_{1,2} = \zeta \omega_n \left(-1 \pm \sqrt{1 - \frac{1}{\zeta^2}} \right)$$

また，α, β は

$$\left. \begin{array}{l} \alpha = -\zeta \omega_n \\ \beta = \omega_n \sqrt{\zeta^2 - 1} \end{array} \right\}$$

で表される。α は減衰定数と呼ばれる。β は虚数の場合，振動角周波数になる。

・ダンピングファクター：ダンピングファクター ζ が応答の形を決める。ダンピングファクター ζ が 1 のときに二重根（多重極），1 より大きい場合に 2 つの実根，1 より小さい場合に複素根となる。1 より小さい場合には振動成分が現れる。

・方形波に対する応答：方形波に対する応答では，波形の切り替わり時に容量に残留する電圧，インダクタに残留する電流を考慮する必要がある。

第7章

交流回路

　各家庭に送られてくる電気の信号は，極性を正，負，正と交互に繰り返す交流信号で，その波形は正弦波を基本とする。我々が耳にする音楽の信号も周波数は一定ではないが，さまざまな周波数と振幅の正弦波が重なり合った交流信号である。携帯電話に使用される空中を伝搬する電磁波も周波数がほぼ一定の正弦波交流信号である。本章では，このように多く使用されている正弦波交流信号を電圧源もしくは電流源とする電気回路の性質について述べる。

7.1　正弦波信号源

　図7.1のような**正弦波電圧源**は，三角関数を用いて以下のように表される。

$$V = V_m \sin(\omega t + \phi) \tag{7.1}$$

信号源を規定するパラメータは次の3つである。

・角周波数 ω

角周波数 ω に時間を掛けたものは**位相**を表す。繰り返し時間を T とすると，これは**周期**と呼ばれる。**周波数** f と周期 T には以下の関係がある。

$$f = \frac{1}{T} \tag{7.2}$$

　角周波数 ω は，この周波数 f に 2π を掛けたものであり，

$$\omega = 2\pi f \quad [\text{rad/sec}] \tag{7.3}$$

と表される。

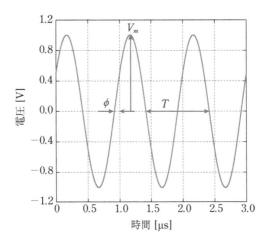

図7.1　正弦波電圧源

・初期位相 ϕ

時刻 $t = 0$ における位相を表す。単位は rad（ラジアン）である。

・振幅 V_m

正弦波信号の最大値を与える。**実効値** V_{rms} を用いて表記されることもある。実効値は交流信号を抵抗に印加したときに消費される電力から求められ，以下で与えられる。

$$V_{rms} = \sqrt{\frac{1}{T} \int_{t_0}^{t_0 + T} V_m^2 \cos^2 (\omega t + \phi) dt} \tag{7.4}$$

ここで，t_0 は任意の時刻である。したがって，

$$V_{rms} = \frac{V_m}{\sqrt{2}} \tag{7.5}$$

である。

図7.1の信号では，振幅 V_m は 1 V，位相 ϕ は 30° $\left(\dfrac{\pi}{6} \approx 0.52\,\text{rad} \right)$，周波数 f は

1 MHz である。

7.2 電気回路の正弦波への応答

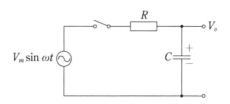

図7.2 *RC*回路に正弦波を印加

図7.2の*RC*回路において，時刻 $t = 0$ でスイッチを閉じ，振幅 V_m，角周波数 ω の正弦波を印加したときの時間領域での応答を求める。正弦波の $t > 0$ におけるラプラス変換は式 (5.21) で表されるので，

$$V_o (s) = V_m \frac{\omega}{s^2 + \omega^2} \frac{1}{1 + sRC} = \frac{V_m}{RC} \frac{1}{s + \dfrac{1}{RC}} \frac{\omega}{s^2 + \omega^2}$$

$$= \frac{V_m \omega}{\tau} \frac{1}{s + \dfrac{1}{\tau}} \frac{1}{s - j\omega} \frac{1}{s + j\omega} \tag{7.6}$$

ここで，$\tau = RC$ である。したがって，時間応答は

$$V_o (t) = \frac{V_m \omega}{\tau} \left\{ K_1 e^{-\frac{t}{\tau}} + K_2 e^{j\omega t} + \overline{K_2} e^{-j\omega t} \right\} \tag{7.7}$$

で表される。式 (5.38) を用いて，

$$\left. \begin{aligned} K_1 &= \frac{1}{\left(\dfrac{1}{\tau}\right)^2 + \omega^2} \\ K_2 &= -\frac{1}{2} \frac{1}{\omega^2 - j\dfrac{\omega}{\tau}} \\ \overline{K_2} &= -\frac{1}{2} \frac{1}{\omega^2 + j\dfrac{\omega}{\tau}} \end{aligned} \right\} \tag{7.8}$$

となるので，時間応答は

$$V_o\,(t) = \frac{V_m\,\omega}{\tau}\left\{\frac{1}{\left(\dfrac{1}{\tau}\right)^2 + \omega^2}\,e^{-\frac{t}{\tau}} - \frac{1}{2}\,\frac{1}{\omega^2 - j\dfrac{\omega}{\tau}}\,e^{j\omega t} - \frac{1}{2}\,\frac{1}{\omega^2 + j\dfrac{\omega}{\tau}}\,e^{-j\omega t}\right\} \tag{7.9}$$

と記述できる。ここで，第1項は

$$V_o\,(t) = V_m\,\frac{\omega\tau}{1 + (\omega\tau)^2}\,e^{-\frac{t}{\tau}} \tag{7.10}$$

第2項と第3項は

$$
\begin{aligned}
V_o\,(t) &= V_m\left\{-\frac{1}{2}\,\frac{1}{\omega\tau - j}\,e^{j\omega t} - \frac{1}{2}\,\frac{1}{\omega\tau + j}\,e^{-j\omega t}\right\}\\
&= V_m\left\{-\frac{1}{2}\,\frac{\omega\tau + j}{(\omega\tau)^2 + 1}\,e^{j\omega t} - \frac{1}{2}\,\frac{\omega\tau - j}{(\omega\tau)^2 + 1}\,e^{-j\omega t}\right\}\\
&= V_m\left\{-\frac{\omega\tau}{(\omega\tau)^2 + 1}\left(\frac{e^{j\omega t} + e^{-j\omega t}}{2}\right) + \frac{1}{(\omega\tau)^2 + 1}\left(\frac{e^{j\omega t} - e^{-j\omega t}}{2j}\right)\right\}\\
&= V_m\left\{-\frac{\omega\tau}{(\omega\tau)^2 + 1}\cos\omega t + \frac{1}{(\omega\tau)^2 + 1}\sin\omega t\right\}\\
&= V_m\,\frac{1}{\sqrt{1 + (\omega\tau)^2}}\sin(\omega t + \phi) \tag{7.11}\\
\phi &= \tan^{-1}(-\omega\tau)
\end{aligned}
$$

とまとめられる。すべての項をまとめると，時間応答は

$$V_o\,(t) = V_m\left\{\frac{\omega\tau}{1 + (\omega\tau)^2}\,e^{-\frac{t}{\tau}} + \frac{1}{\sqrt{1 + (\omega\tau)^2}}\sin(\omega t + \phi)\right\} \tag{7.12}$$

と表される。$t = 0$ のときに $V_o = 0$ なので，式 (7.11) より $\cos 0 = 1, \sin 0 = 0$ を用いて，

$$V_o\,(t)\,|_{t=0} = V_m\left\{\frac{\omega\tau}{1 + (\omega\tau)^2} - \frac{\omega\tau}{1 + (\omega\tau)^2}\right\} = 0 \tag{7.13}$$

により初期条件を満足している。$t = \infty$ では式 (7.12) の第1項は0になるので，時定数 τ で決まる初期の過渡的な応答の時間を過ぎれば，出力電圧は式 (7.14) に示すように，入力振幅に比例する角周波数 ω の正弦波となる。

$$V_o\,(t) = \frac{V_m}{\sqrt{1 + (\omega\tau)^2}}\sin(\omega t + \phi) \tag{7.14}$$

図 7.3 に，振幅 $V_m = 10\,\mathrm{V}$，周波数 $f = 1\,\mathrm{MHz}$，初期位相0の正弦波を，$R = 10\,\mathrm{k\Omega}$，

$C = 160$ pF の RC 回路に入力したときの出力波形を示す。時定数 τ は 1.6 μs である。$t = 0$ から約 $3\tau = 4.7$ μs 程度までは**過渡応答**を示し過渡状態にあるが，それ以降は**定常応答**を示し定常状態となる。したがって，正弦波の定常応答は同じ周波数の正弦波となるので，定常状態では振幅と位相のみを評価対象として回路を解くことができる。

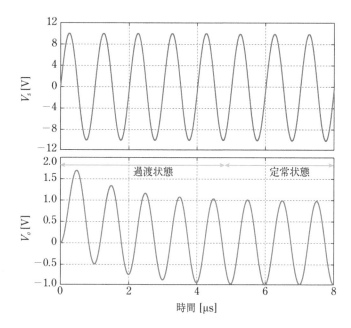

図7.3　*RC*回路に正弦波を入力したときの出力波形

7.3　複素数表示とフェーザ表示

周波数が変化しない定常状態での周波数特性を求めるには，正弦波や余弦波そのものを扱うのではなく，オイラーの公式に基づいた三角関数の複素数表示と，そこから導き出される**フェーザ表示**の使用が便利である。オイラーの公式によれば，

$$e^{\pm j\theta} = \cos\theta \pm j\sin\theta \tag{7.15}$$

である。したがって，

$$\left. \begin{array}{l} \cos\theta = \mathrm{Re}\left\{e^{j\theta}\right\} \\ \sin\theta = \mathrm{Im}\left\{e^{j\theta}\right\} \end{array} \right\} \tag{7.16}$$

となる。ここで，Re は複素数の実数部を，Im は虚数部を表す。これより，

$$V(t) = V_m \cos(\omega t + \phi) = \mathrm{Re}\left\{V_m\, e^{j(\omega t + \phi)}\right\} = \mathrm{Re}\left\{V_m\, e^{j\phi}\, e^{j\omega t}\right\} \tag{7.17}$$

である。式 (7.17) において $\mathrm{Re}\left\{e^{j\omega t}\right\}$ は角周波数 ω の余弦波を表すので，定常状態の回路系において重要な情報は

$$V = V_m\, e^{j\phi} \tag{7.18}$$

で示される，大きさと位相の情報である。これをより簡略化して，

$$V = V_m \angle\, \phi \tag{7.19}$$

と表したものがフェーザ表示である。

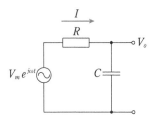

図7.4　複素数表示を用いたRC回路の正弦波定常応答

複素数表示を用いて，図 7.4 の RC 回路の正弦波定常応答を求める。定常状態においては出力電圧 $V_o(t)$ も同じ角周波数を持ち，大きさと位相を考慮し以下のように表すことができる。

$$V_o(t) = |V_o|\, e^{j(\omega t + \phi)} \tag{7.20}$$

回路に流れる電流 $I(t)$ は

$$I(t) = C\frac{dV_o(t)}{dt} = j\omega C\, |V_o|\, e^{j(\omega t + \phi)} \tag{7.21}$$

である。これより，

$$|V_o|\, e^{j(\omega t + \phi)} = V_m\, e^{j\omega t} - I(t)R = V_m\, e^{j\omega t} - j\omega RC\, |V_o|\, e^{j(\omega t + \phi)}$$
$$\therefore |V_o|\, e^{j\phi} = \frac{V_m}{1 + j\omega RC} \tag{7.22}$$

が得られる。第 2 項を絶対値と位相で表すと，

$$|V_o|\, e^{j\phi} = \frac{V_m}{1 + j\omega RC} = \frac{V_m}{\sqrt{1 + \left(\dfrac{\omega}{\omega_c}\right)^2}}\, e^{j\phi} \tag{7.23}$$

となる。ここで，

$$\left.\begin{array}{l} \omega_c = \dfrac{1}{\tau} = \dfrac{1}{RC} \\[3mm] \phi = -\tan^{-1}\left(\dfrac{\omega}{\omega_c}\right) \end{array}\right\} \tag{7.24}$$

である。ω_c は**コーナー角周波数**と呼ばれ，時定数の逆数である。また，フェーザ表示では

$$\left.\begin{array}{l} V_o = \dfrac{V_m}{\sqrt{1+\left(\dfrac{\omega}{\omega_c}\right)^2}} \angle \phi \\[6mm] \phi = -\tan^{-1}\left(\dfrac{\omega}{\omega_c}\right) \end{array}\right\} \tag{7.25}$$

と表される。

7.4　s 領域表記と周波数特性

これまで，電気回路の容量やインダクタにおいて，端子間電圧と流れる電流の関係が時間微分や時間積分で表され，その時間応答を表す方程式が微分方程式になることや，微分方程式を代数的に解くためにはラプラス変換を用いた s 領域表記が有用であることを学んできた。

周波数特性は正弦波定常応答のときの特性に注目したものであるが，この特性は応答における**過渡項**を省略することで得られる。つまり，

$$e^{st} = e^{(\sigma+j\omega)t} = e^{\sigma t}e^{j\omega t} \tag{7.26}$$

において $\sigma = 0$ にすればよい。したがって，s 領域において

$$s \to j\omega \tag{7.27}$$

の変換を行えば正弦波定常応答，つまり周波数特性が求められる。

$$Z_C = \dfrac{1}{sC} = \dfrac{1}{j\omega C}$$
$$Y_C = sC = j\omega C$$
（**a**）容量

$$Z_L = sL = j\omega L$$
$$Y_L = \dfrac{1}{sL} = \dfrac{1}{j\omega L}$$
（**b**）インダクタ

図7.5　**周波数特性を求めるときの容量とインダクタのインピーダンス表記およびアドミッタンス表記**

図 7.5 に周波数特性を求めるときの容量とインダクタの**インピーダンス表記**および**アドミッタンス表記**を示す。周波数特性を求めるとき，容量における初期電荷（初期電圧）やインダクタにおける初期磁束（初期電流）は，時間を十分長くとり定常状態に達すると，すべてのエネルギーを消失し正弦波定常応答に影響を与えないので，0 にすることができる。周波数特性を求める場合は s 領域表記ではなく，$j\omega$ を用いても求めることはできるが，特性を支配するポールやゼロを把握することが難しいので，計算では s 領域表記を用いてポールやゼロを求め，最終的には $s \to j\omega$ 変換で周波数特性を求めることを推奨する。

一般に**伝達関数** $H(s)$ は，式 (5.37) に示すように，ポール $p_i(i = 1, 2, ..., n)$，ゼロ $z_i(i = 1, 2, ..., m)$ を用いて，

$$H(s) = H\frac{(s - z_1)(s - z_2)\cdots(s - z_m)}{(s - p_1)(s - p_2)\cdots(s - p_n)} \tag{7.28}$$

と表すことができる。正弦波の定常応答は $s \to j\omega$ 変換で求められる。したがって，

$$H(\omega) = H\frac{(j\omega - z_1)(j\omega - z_2)\cdots(j\omega - z_m)}{(j\omega - p_1)(j\omega - p_2)\cdots(j\omega - p_n)} \tag{7.29}$$

と表現できる。ポール p_i およびゼロ z_i は複素数であり，これを**極形式**に変換すると，

$$\left.\begin{array}{l} j\omega - p_i = M_{pi}(\omega)\,e^{-j\phi_{pi}(\omega)} \\ j\omega - z_i = M_{zi}(\omega)\,e^{j\phi_{zi}(\omega)} \end{array}\right\} \tag{7.30}$$

となる。式 (7.30) を用いることで式 (7.29) は以下のように記述できる。

$$H(\omega) = H\frac{M_{z1}\cdot M_{z2}\cdots M_{zm}}{M_{p1}\cdot M_{p2}\cdots M_{pn}}e^{j(\phi_{z1}+\phi_{z2}+\cdots+\phi_{zm}-\phi_{p1}-\phi_{p2}-\cdots-\phi_{pn})} \tag{7.31}$$

つまり大きさは，各ゼロからの大きさを掛けて各ポールからの大きさで割ったものであり，位相は，各ゼロからの位相を足して各ポールからの位相で引いたものである。

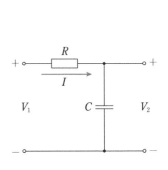

図7.6　**RC積分回路**

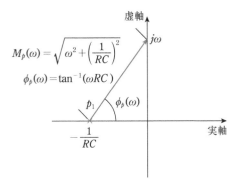

図7.7　**RC積分回路の複素平面上のポールの位置**

例えば図 7.6 の **RC** 積分回路では，伝達関数 $H(s)$ は

$$\frac{V_2(s)}{V_1(s)} = H(s) = \frac{1}{RC}\frac{1}{s + \frac{1}{RC}} \tag{7.32}$$

なので，ポール p_1 は

$$p_1 = -\frac{1}{RC} \tag{7.33}$$

となる。複素平面上のポールの位置を図 7.7 に示す。式 (7.30) を用いて，ポール p_1 から角周波数 ω を表す虚数軸上の点 $j\omega$ までの大きさ $M_p(\omega)$ と位相 $\phi_p(\omega)$ を求めると，

$$\left.\begin{array}{l} M_p(\omega) = \sqrt{\omega^2 + \left(\dfrac{1}{RC}\right)^2} \\ \phi_p(\omega) = \tan^{-1}(\omega RC) \end{array}\right\} \tag{7.34}$$

になる。式 (7.32) より，伝達関数を $s \to j\omega$ 変換すると

$$H(\omega) = \frac{1}{RC}\frac{1}{M_p(\omega)e^{j\phi_p(\omega)}} \tag{7.35}$$

この式に式 (7.34) を代入して，

$$H(\omega) = \frac{1}{\sqrt{1+(\omega RC)^2}} e^{-j\phi(\omega)} = \frac{1}{\sqrt{1+\left(\dfrac{\omega}{\omega_c}\right)^2}} e^{-j\phi(\omega)} \left.\vphantom{\begin{array}{c}1\\1\\1\\1\end{array}}\right\}$$

$$\phi(\omega) = \tan^{-1}(\omega RC) = \tan^{-1}\left(\frac{\omega}{\omega_c}\right) \qquad (7.36)$$

ここで，

$$\omega_c = -p_1 = \frac{1}{RC} = \frac{1}{\tau} \qquad (7.37)$$

である。

　角周波数 ω をパラメータとして，複素平面上に伝達関数 $H(\omega)$ を描いてみる。式 (7.32) を式 (7.27) および式 (7.37) を用いて，次のように書き換える。

$$H(\omega) = \frac{1}{1+j\left(\dfrac{\omega}{\omega_c}\right)} = \frac{1-j\left(\dfrac{\omega}{\omega_c}\right)}{1+\left(\dfrac{\omega}{\omega_c}\right)^2} = \frac{1}{1+\left(\dfrac{\omega}{\omega_c}\right)^2} - j\frac{\left(\dfrac{\omega}{\omega_c}\right)}{1+\left(\dfrac{\omega}{\omega_c}\right)^2} \qquad (7.38)$$

したがって，

$$\mathrm{Re}\{H(\omega)\} = \frac{1}{1+\left(\dfrac{\omega}{\omega_c}\right)^2}, \quad \mathrm{Im}\{H(\omega)\} = -\frac{\left(\dfrac{\omega}{\omega_c}\right)}{1+\left(\dfrac{\omega}{\omega_c}\right)^2} \qquad (7.39)$$

となる。ここで，

$$\left(\mathrm{Re}\{H(\omega)\} - \frac{1}{2}\right)^2 + (\mathrm{Im}\{H(\omega)\})^2 = \left(\frac{1}{2}\right)^2 \qquad (7.40)$$

が成り立つので，伝達関数 $H(\omega)$ は図 7.8 に示すように，中心を $1/2$ とする半径 $1/2$ の

円を描く。$\omega = 0$ のときに 1 で位相は $0°$，$\omega = \omega_c$ のときに $\left(\dfrac{1}{2} - j\dfrac{1}{2}\right)$ で位相は

$-45°$，$\omega = \infty$ のときに 0 で位相は $-90°$ になる。

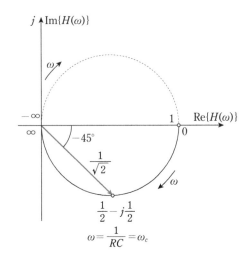

図7.8 *RC*積分回路の伝達関数*H(ω)*の複素平面上の軌跡

図7.9は，図7.6の *RC* 積分回路の抵抗と容量の位置を入れ替えたもので，**RC 微分回路**と呼ばれる。伝達関数 *H(s)* は

$$\frac{V_2\,(s)}{V_1\,(s)} = H\,(s) = \frac{s}{s + \dfrac{1}{RC}} \tag{7.41}$$

となる。したがって，ゼロ z_1 とポール p_1 は

$$\left.\begin{array}{l} z_1 = 0 \\[2mm] p_1 = -\dfrac{1}{RC} \end{array}\right\} \tag{7.42}$$

となる。図7.10に *RC* 微分回路のポールとゼロを示す。図7.6の *RC* 積分回路とポールは変わらないが，原点にゼロ z_1 が形成される。

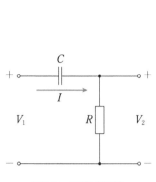

図7.9 *RC微分回路*

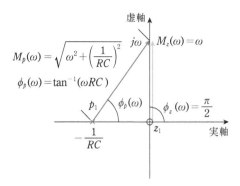

図7.10 *RC微分回路のポールとゼロ*

　したがって，ゼロおよびポールから角周波数 ω を表す虚軸上の点 $j\omega$ までの大きさと位相をそれぞれ求めると，

$$
\left.\begin{array}{l}
M_z\left(\omega\right)=\omega \\
\phi_z\left(\omega\right)=\dfrac{\pi}{2}
\end{array}\right\} \tag{7.43}
$$

$$
\left.\begin{array}{l}
M_p\left(\omega\right)=\sqrt{\omega^2+\left(\dfrac{1}{RC}\right)^2} \\
\phi_p\left(\omega\right)=\tan^{-1}\left(\omega RC\right)
\end{array}\right\} \tag{7.44}
$$

になる。式 (7.41) より，伝達関数を $s \rightarrow j\omega$ 変換すると，

$$
H\left(\omega\right)=\frac{M_z\left(\omega\right)e^{j\frac{\pi}{2}}}{M_p\left(\omega\right)e^{j\phi_p(\omega)}} \tag{7.45}
$$

　この式に式 (7.43) および式 (7.44) を代入して，

$$
\left.\begin{array}{l}
H\left(\omega\right)=\dfrac{\omega}{\sqrt{\omega^2+\omega_c^2}}e^{j\phi(\omega)}=\dfrac{\dfrac{\omega}{\omega_c}}{\sqrt{1+\left(\dfrac{\omega}{\omega_c}\right)^2}}e^{j\phi(\omega)} \\[4mm]
\phi\left(\omega\right)=\dfrac{\pi}{2}-\tan^{-1}\left(\omega RC\right)=\dfrac{\pi}{2}-\tan^{-1}\left(\dfrac{\omega}{\omega_c}\right)
\end{array}\right\} \tag{7.46}
$$

となる。ここで，$\omega_c=\dfrac{1}{RC}$ である。

　角周波数 ω をパラメータとして，伝達関数 $H(\omega)$ を複素平面上に描いてみる。式 (7.41) を式 (7.27) および式 (7.37) を用いて，次のように書き換える。

$$H(\omega) = \frac{j\left(\dfrac{\omega}{\omega_c}\right)}{1 + j\left(\dfrac{\omega}{\omega_c}\right)} = \frac{\left(\dfrac{\omega}{\omega_c}\right)^2 + j\left(\dfrac{\omega}{\omega_c}\right)}{1 + \left(\dfrac{\omega}{\omega_c}\right)^2} = \frac{\left(\dfrac{\omega}{\omega_c}\right)^2}{1 + \left(\dfrac{\omega}{\omega_c}\right)^2} + j\frac{\left(\dfrac{\omega}{\omega_c}\right)}{1 + \left(\dfrac{\omega}{\omega_c}\right)^2} \quad (7.47)$$

よって，伝達関数 $H(\omega)$ は図7.11に示すように，中心を1/2とする半径1/2の円を描く。$\omega = 0$ のときに0で位相は90°，$\omega = \omega_c$ のときに $\left(\dfrac{1}{2} + j\dfrac{1}{2}\right)$ で位相は45°，$\omega = \infty$ のときに1で位相は0° になる。

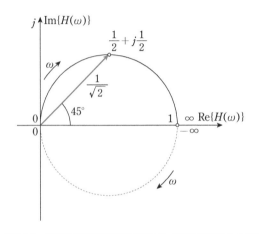

図7.11 *RC*微分回路の伝達関数*H(ω)*の複素平面上の軌跡

7.5 回路素子の電圧と電流間の位相

　抵抗，容量，インダクタの各回路素子の端子間電圧と回路素子を流れる電流の関係を整理する。図7.12に，各回路素子の電圧と電流を示す。

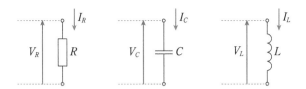

図7.12　各回路素子の電圧と電流

各回路素子の電圧に対し流れる電流は

$$I_R = GV_R \tag{7.48a}$$
$$I_C = sCV_C = j\omega CV_C \tag{7.48b}$$

$$I_L = \frac{V_L}{sL} = \frac{V_L}{j\omega L} = -j\frac{V_L}{\omega L} \tag{7.48c}$$

である。これらの電圧と電流の関係を図7.13に示す。

$$\left.\begin{array}{l} j = e^{j\frac{\pi}{2}} \\ -j = e^{-j\frac{\pi}{2}} \end{array}\right\} \tag{7.49}$$

であるので，抵抗を流れる電流は端子間電圧と同じ位相である。容量を流れる電流は端子間電圧に対し $\pi/2$ (90°) 進む。インダクタを流れる電流は端子間電圧に対し $\pi/2$ (90°) 遅れる。

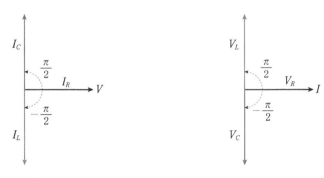

図7.13　各回路素子の電圧に対し流れる　電流の位相

図7.14　各回路素子を流れる電流に対する電圧の位相

次に，各回路素子を流れる電流に対する電圧は

$$V_R = RI_R \tag{7.50a}$$

$$V_C = \frac{I_C}{sC} = \frac{I_C}{j\omega C} = -j\frac{I_C}{\omega C} \tag{7.50b}$$

$$V_L = sLI_L = j\omega LI_L \tag{7.50c}$$

であるので，図7.14に示すように，抵抗の端子間電圧は流れる電流と同じ位相である。容量の端子間電圧は流れる電流に対し $\pi/2$ (90°) 遅れる。インダクタの端子間電圧は流れる電流に対し $\pi/2$ (90°) 進む。

7.6 リアクタンスとサセプタンス

インピーダンス Z は複素数であるので，

$$Z = R + jX \tag{7.51}$$

と，実数部と虚数部に分けることができる。実数部 R をインピーダンス Z の**抵抗成分**，X を**リアクタンス成分**と呼ぶ。リアクタンス成分がゼロのインピーダンスは純抵抗状態にあるということもある。

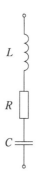

図7.15　*RLC直列回路*

図7.15の RLC 直列回路では，そのインピーダンス Z は

$$Z = R + j\omega L - j\frac{1}{\omega C} \tag{7.52}$$

と表されるので，インダクタによるリアクタンス X_L および容量によるリアクタンス

X_C は,

$$X_L = \omega L \tag{7.53}$$

$$X_C = -\frac{1}{\omega C} \tag{7.54}$$

となる。正のリアクタンスを**誘導性リアクタンス**, 負のリアクタンスを**容量性リアクタンス**と呼ぶ。

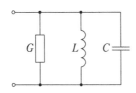

図7.16 *RLC* 並列回路

アドミッタンス Y も複素数であるので,

$$Y = G + jB \tag{7.55}$$

と実数部と虚数部に分けることができる。実数部 G をアドミッタンス Y の**コンダクタンス成分**, B を**サセプタンス成分**と呼ぶ。図 7.16 の *RLC* 並列回路では, そのアドミッタンス Y は

$$Y = G + j\omega C - j\frac{1}{\omega L} \tag{7.56}$$

と表されるので, 容量によるサセプタンス B_C およびインダクタによるサセプタンス B_L は,

$$B_C = \omega C \tag{7.57}$$

$$B_L = -\frac{1}{\omega L} \tag{7.58}$$

となる。正のサセプタンスを**容量性サセプタンス**, 負の場合を**誘導性サセプタンス**と呼ぶ。

インピーダンス Z の抵抗成分 R およびリアクタンス成分 X と, アドミッタンス Y のコンダクタンス成分 G およびサセプタンス成分 B の間の関係を求める。

$$Y = \frac{1}{Z} = \frac{1}{R + jX} = \frac{R - jX}{R^2 + X^2} = G + jB \tag{7.59}$$

したがって，

$$G = \frac{R}{R^2 + X^2} \tag{7.60}$$

$$B = -\frac{X}{R^2 + X^2} \tag{7.61}$$

になる。同様に，

$$R = \frac{G}{G^2 + B^2} \tag{7.62}$$

$$X = -\frac{B}{G^2 + B^2} \tag{7.63}$$

の関係がある。

7.7　イミタンスとベクトル図

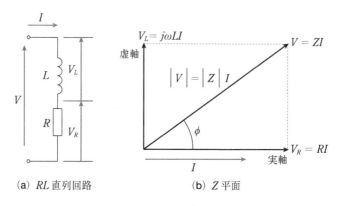

(a) *RL* 直列回路　　　(b) *Z* 平面

図7.17　*RL*直列回路と*Z*平面

インピーダンス *Z* とアドミッタンス *Y* をまとめて**イミタンス**と呼ぶ。ともに複素数であるので複素平面（*Z* 平面）上に表すことができる。例えば図7.17(a) の *RL* 直列回路

では，

$$\left.\begin{array}{l} Z = R + j\omega L = |Z| \angle \phi \\ |Z| = \sqrt{R^2 + (\omega L)^2} \\ \phi = \tan^{-1} \dfrac{\omega L}{R} \end{array}\right\} \tag{7.64}$$

となる。また，

$$V = V_R + V_L = (R + j\omega L)I = ZI \tag{7.65}$$

の関係がある。この関係を図7.17(b) に示す。

　抵抗に発生する電圧は流れる電流と同じ位相である。インダクタに発生する電圧は90°位相が進む。交流回路における電圧や電流は大きさと位相を持つので，その演算はベクトル演算になる。したがって，発生する電圧 V は，抵抗に発生する電圧 V_R とインダクタに発生する電圧 V_L をベクトル加算したものである。ベクトルでは，電圧や電流は矢印で表される。

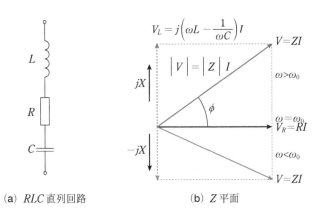

　　（a）RLC 直列回路　　　　　（b）Z 平面

図7.18　**RLC直列回路とZ平面**

　図7.18 に RLC 直列回路を示す。この回路のインピーダンス Z は

$$Z = R + j\left(\omega L - \frac{1}{\omega C}\right) \tag{7.66}$$

である。インピーダンスの実数部は周波数にかかわらず一定だが，虚数部（リアクタンス成分）は ω の値により $-\infty$ から $+\infty$ まで変化する。この虚数部が0になる状態を**直**

列共振と呼ぶ。このときの角周波数 ω_0（**共振角周波数**）は

$$\omega_0 = \frac{1}{\sqrt{LC}} \tag{7.67}$$

になる。したがって角周波数が，この共振角周波数よりも高いときにリアクタンスは誘導性となり位相は正の値をとり，低いときにリアクタンスは容量性となり位相は負の値をとる。共振については8章で説明する。

　ここで，代表的な回路素子の組み合わせにおける主要なパラメータの計算例を示す。

例7.1

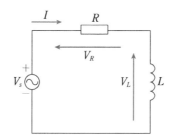

図7.19　**抵抗とインダクタのRL直列回路**

　図7.19の RL 直列回路において，抵抗 $R = 30\ \Omega$，インダクタ $L = 0.1\ \text{H}$，$V_s = 100\sin(2\pi \times 100t)$ で表されるとき，以下が求まる。

1)　インダクタのリアクタンス X_L
　　$X_L = \omega L = 2\pi \times 100 \times 0.1 = 62.8\ \Omega$

2)　インピーダンス Z

$$Z = \sqrt{R^2 + X_L^2} = \sqrt{30^2 + 62.8^2} = 69.6\ \Omega$$

3)　流れる電流 I

$$I = \frac{V}{Z} = \frac{100}{69.6} = 1.44\ \text{A}$$

4)　位相 ϕ

$$\phi = \tan^{-1}\left(\frac{X_L}{R}\right) = \tan^{-1}\left(\frac{62.8}{30}\right) = 64.5°$$

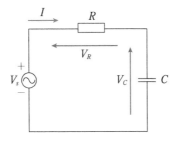

図7.20　*RC* 直列回路

図 7.20 の *RC* 直列回路において，以下が求まる。

1)　流れる電流 *I* が共通なので電流 *I* を基準として，電圧 V_s, V_R, V_C のベクトル図を示す。

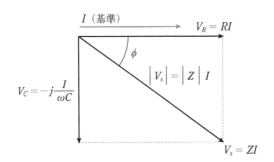

図7.21　*RC* 直列回路のベクトル図

抵抗 $R = 30\,\Omega$，容量 $C = 10\,\mu\mathrm{F}$，$V_s = 100 \sin(2\pi \times 400t)$ で表されるとき，以下が求まる。

2)　容量のリアクタンス X_C

$$X_C = -\frac{1}{\omega C} = -\frac{1}{2\pi \times 400 \times 10 \times 10^{-6}} = -39.8\,\Omega$$

3)　インピーダンス *Z*

179

$$Z = \sqrt{30^2 + (-39.8)^2} = 49.8\,\Omega$$

4) 流れる電流 I

$$I = \frac{100}{49.8} = 2.01\,\text{A}$$

5) 位相 ϕ

$$\phi = \tan^{-1}\left(\frac{X_C}{R}\right) = \tan^{-1}\left(-\frac{39.8}{30}\right) = -53.0°$$

例 7.3

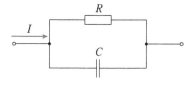

図7.22　*RC*並列回路

図7.22の RC 並列回路において，電流 I を一定に保持するとき，抵抗 R における消費電力を最大にする抵抗値を求める。ただし，交流信号の周波数を f とする。

抵抗 R を流れる電流は $I_R = \dfrac{I}{1 + j\omega C}$ なので，消費電力 P は

$$P = R|I_R|^2 = \frac{R}{1 + \omega^2 R^2 C^2}|I_R|^2$$

となる。P を最大にする抵抗値は P を R で微分して，以下が求まる。

$$\frac{\partial P}{\partial R} = \frac{|I_R|^2}{(1 + \omega^2 R^2 C^2)^2}(1 + \omega^2 R^2 C^2 - R \times 2R\omega^2 C^2) = 0$$
$$\therefore R = \frac{1}{\omega C} = \frac{1}{2\pi f C}$$

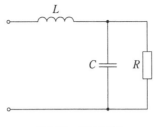

図7.23　*RLC回路*

図 7.23 の *RLC* 回路の端子間に正弦波電圧 V_s, 周波数 f が一定の信号を加える。抵抗 *R* が変化しても抵抗を流れる電流が一定であるための条件と，そのときの電流を求める。

端子間インピーダンスを *Z* とすれば，抵抗 *R* に流れる電流 I_R は

$$I_R = \frac{V_s}{Z} \frac{\dfrac{1}{j\omega C}}{R + \dfrac{1}{j\omega C}} = \frac{V_s}{j\omega L + \dfrac{R}{1 + j\omega RC}} \cdot \frac{1}{1 + j\omega RC} = \frac{V_s}{R(1 - \omega^2 LC) + j\omega L}$$

となる。したがって，電流 I_R が抵抗 *R* に関係なく一定になるには，

$$1 - \omega^2 LC = 0 \ \text{つまり} \ f = \frac{1}{2\pi\sqrt{LC}}$$

の条件が必要である。そのときの電流 I_R は以下で与えられる。

$$I_R = -j\frac{V_s}{\omega L} = -j\sqrt{\frac{C}{L}}\, V_s$$

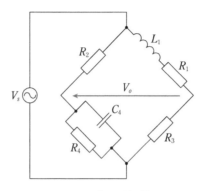

図7.24　ブリッジ回路

　図7.24のブリッジ回路において，角周波数 ω の正弦波の信号 V_s で駆動したときに出力電圧 V_o が0になる条件を求める。

　インピーダンスは

$$Z_1 = R_1 + j\omega L_1,\ Z_2 = R_2,\ Z_3 = R_3,\ Z_4 = \frac{1}{\dfrac{1}{R_4} + j\omega C_4} = \frac{R_4}{1 + j\omega R_4 C_4}$$

であり，平衡条件は $Z_1 Z_4 = Z_2 Z_3$ である。したがって，

$$\frac{(R_1 + j\omega L_1)R_4}{1 + j\omega R_4 C_4} = R_2 R_3$$

より

$$R_1 R_4 + j\omega L_1 R_4 = R_2 R_3 + j\omega R_2 R_3 R_4 C_4$$

となり，両辺の実数部と虚数部が等しいため，以下が求まる。

$$R_1 R_4 = R_2 R_3,\ L_1 = R_2 R_3 C_4$$

7.8　交流の電力

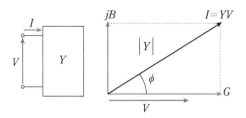

図7.25　アドミッタンスと電力

　交流回路における電力は，直流回路のようにただ単に電圧値と電流値を掛ければよいものではなく，交流信号の位相を考慮する必要がある。図7.25 に示すように，端子間電圧 V，流れる電流 I におけるアドミッタンス Y の回路で消費される**電力**を考える。アドミッタンスを，

$$Y = |Y| \angle \phi \tag{7.68}$$

とする。電圧 V は V_e を**実効電圧**として，以下で表されるものとする。

$$V = \sqrt{2}\,V_e \sin \omega t \tag{7.69}$$

電流 I は I_e を**実効電流**として，以下で表される。

$$I = \sqrt{2}\,I_e \sin (\omega t + \phi) = \sqrt{2}\,|Y| V_e \sin (\omega t + \phi) \tag{7.70}$$

よって，**瞬時電力** P は電圧 V と電流 I の積であるから，

$$P = 2V_e I_e \sin \omega t \sin (\omega t + \phi) \tag{7.71}$$

となる。ここで，正弦波の加法定理は

$$\sin \alpha \sin \beta = \frac{1}{2} \{\cos (\alpha - \beta) - \cos (\alpha + \beta)\} \tag{7.72}$$

であるので，式 (7.71) は

$$P = V_e I_e \{\cos \phi - \cos (2\omega t + \phi)\} \tag{7.73}$$

となる。式 (7.73) の第2項は1周期にわたって平均すれば0になるので，平均電力 $\overline{P}$ は次式で与えられる。

$$\overline{P} = V_e I_e \cos \phi = V_e^2 |Y| \cos \phi \tag{7.74}$$

式 (7.74) の $\cos \phi$ を**力率**，$\overline{P}$ を**実効電力**と呼ぶ。

　アドミッタンス Y は式 (7.55) より

$$Y = G + jB$$

であり，図7.25のベクトル図より

$$G = |Y|\cos\phi \tag{7.75}$$

なので，式 (7.74) は

$$\overline{P} = V_e^2 |Y|\cos\phi = GV_e^2 \tag{7.76}$$

と表され，コンダクタンス G が電力を消費しているというごく自然な結果が得られる。

　実効電流 I_e に着目した場合は，インピーダンス Z

$$Z = R + jX$$

を用いて，実効電力は次式のように与えられる。

$$\overline{P} = I_e^2 R = I_e^2 |Z|\cos\phi \tag{7.77}$$

したがって，力率 $\cos\phi$ は

$$\cos\phi = \frac{G}{|Y|} = \frac{R}{|Z|} \tag{7.78}$$

である。ここで，**皮相電力** P_a，**無効電力** P_r を次のように定義する。

$$P_a = V_e I_e = V_e^2 |Y| = I_e^2 |Z| \tag{7.79}$$
$$P_r = V_e I_e \sin\phi = V_e^2 B = I_e^2 X \tag{7.80}$$

実効電力の単位には**ワット** (W) が用いられるが，皮相電力と無効電力の単位には**ボルト - アンペア** (VA) が用いられる。また，式 (7.76)，(7.79)，(7.80) から

$$P_a^2 = \overline{P}^2 + P_r^2 \tag{7.81}$$

の関係がある。

　電動機などでは，電流の位相遅れを補償する**進相コンデンサ**と呼ばれる容量を入れて力率を改善し，電流が多く流れることによる電力損失を低減している。図 7.26 は，電動機の等価回路に進相コンデンサを追加したものを示している。

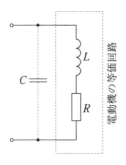

図7.26　**電動機の等価回路と進相コンデンサの追加**

進相コンデンサを追加しないときのアドミッタンス Y_1 は

$$Y_1 = \frac{1}{R + j\omega L} = \frac{R - j\omega L}{R^2 + (\omega L)^2} = \frac{R}{R^2 + (\omega L)^2} - \frac{j\omega L}{R^2 + (\omega L)^2} \tag{7.82}$$

であり，アドミッタンス Y_1 の絶対値は

$$|Y_1| = \frac{1}{\sqrt{R^2 + (\omega L)^2}} \tag{7.83}$$

となる。一方，容量 C を追加すると，そのときのアドミッタンス Y_2 は

$$Y_2 = \frac{R}{R^2 + (\omega L)^2} - \frac{j\omega L}{R^2 + (\omega L)^2} + j\omega C \tag{7.84}$$

となる。力率が最大となるのはアドミッタンスの虚数部分のサセプタンス B が 0 のときである。そのときの容量 C を求めると

$$B = -\frac{\omega L}{R^2 + (\omega L)^2} + \omega C = 0$$
$$\therefore C = \frac{L}{R^2 + (\omega L)^2} \tag{7.85}$$

である。よって，アドミッタンス Y_2 は

$$Y_2 = \frac{R}{R^2 + (\omega L)^2} \tag{7.86}$$

となる。アドミッタンス Y_1, Y_2 の絶対値の比率をみると，

$$\left| \frac{Y_2}{Y_1} \right| = \frac{R}{\sqrt{R^2 + (\omega L)^2}} = \frac{1}{\sqrt{1 + \left(\dfrac{\omega L}{R} \right)^2}} \tag{7.87}$$

となることから，進相コンデンサを追加する場合のアドミッタンス Y_2 は，追加しない場合のアドミッタンス Y_1 よりも小さい。このため，電動機に流れる電流を低減し，抵抗などによる電力損失を抑えることができる。図 7.27 にこれまで述べた**力率改善**のベクトル図を示す。

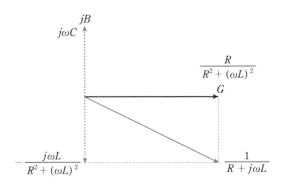

$$\frac{R}{R^2 + (\omega L)^2}$$

$$-\frac{j\omega L}{R^2 + (\omega L)^2}$$

$$\frac{1}{R + j\omega L}$$

図7.27　力率改善のベクトル図

● 演習問題

7.1 以下の複素数をフェーザ表示で表せ。

$-j, \ 1+j, \ 1+j\sqrt{3}, \ 3+j4$

7.2 図問7.2の回路について，各回路素子をインピーダンスで表した等価回路を作成するとともに，電流をフェーザ表示で示せ。

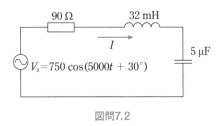

図問7.2

7.3 図問7.3の回路に，100 Hzの周波数で1 Aの電流を印加すると，$(10-j10)$ Vの電圧 V が現れた。電流一定で周波数を200 Hzにすると電圧 V は$(10+j20)$ Vとなった。回路は最少の素子からなるものとして，この回路を推定し，各回路素子の値を求めよ。

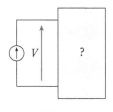

図問7.3

7.4　図問7.4の回路において，電流Iを電圧V_sに対して位相を90°遅らせるための条件を求めよ。

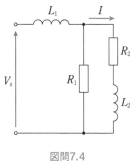

図問7.4

7.5　図問7.5の回路において，端子1-1′から右の回路は電動機の等価回路で，100 V，50 Hzの電源から20 Ωの抵抗を通して駆動している。

(1)電動機の力率を求めよ。

(2)このときの電圧V_Lの大きさと位相および電動機の消費電力を求めよ。

(3)端子1-1′間に進相コンデンサCを入れて力率を1にしたい。容量値を求めよ。

(4)このときの電動機の消費電力を求めよ。

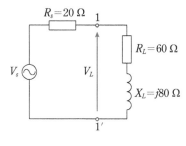

図問7.5

7.6 図問7.6の回路において，以下の問いに答えよ。

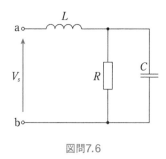

図問7.6

(1)端子a-b間における力率を100%にしようとする場合，容量CはインダクタLおよび抵抗Rに対してどのような関係が必要かを求めよ。また，そのときのインダクタLと抵抗R間の条件を求めよ。

(2)端子a-b間に印加される電圧V_sと角周波数ωが一定の場合，抵抗Rが変化しても抵抗Rを流れる電流が一定であるための条件と，その電流の値を求めよ。

7.7 図問7.7の回路において，以下の問いに答えよ。

(1)V_aとV_bを求めよ。

(2)$V_b - V_a$を求めよ。

(3)$V_b - V_a$の振幅と周波数の関係を述べよ。

(4)$V_b - V_a$の位相を角周波数ωの関数として表せ。

(5)$R = 10 \, \text{k}\Omega$，$C = 15.9 \, \text{pF}$とする。$V_b - V_a$の位相が$-90°$になる周波数を求めよ。

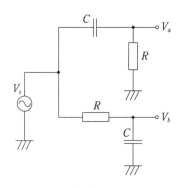

図問7.7

7.8 図問7.8の回路において，V_sは100 V, 50 Hzの電源，負荷は抵抗R_Lである．以下の問いに答えよ．

(1)負荷の消費電力を最大にするR_Lの値を求めよ．

(2)そのときのR_Lの消費電力を求めよ．

(3)そのときの電源の実効電力と力率を求めよ．

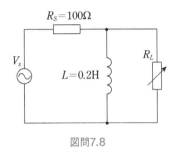

図問7.8

- 過渡状態と定常状態：回路に正弦波を入力すると，初期の過渡的な応答を示す過渡状態を過ぎれば，出力電圧が入力電圧に比例する定常状態になる。

- 振幅と位相，フェーザ表示：定常状態では振幅と位相のみを評価対象として解くことができる。したがって，これをより簡潔にして交流信号を $V_m \angle \phi$ のように振幅と位相のみで表したものがフェーザ表示である。

- s 領域表記と周波数特性：s 領域での表記において，$s \to j\omega$ の変換を行えば周波数特性が求められる。

- ポール・ゼロと周波数特性：s 領域での表記におけるゼロから $j\omega$ までのベクトルをポールから $j\omega$ までのベクトルで割ったものが周波数特性を表している。

- 各回路素子のインピーダンスとアドミッタンス：各素子のインピーダンスとアドミッタンスは以下である。

  抵抗：インピーダンスは R，アドミッタンスは G

  容量：インピーダンスは $Z = \dfrac{1}{j\omega C}$　アドミッタンスは $Y = j\omega C$

  インダクタ：インピーダンスは $Z = j\omega L$　アドミッタンスは $Y = \dfrac{1}{j\omega L}$

- 各回路素子における電圧と電流間の位相：各回路素子における電圧と電流間の位相は，以下のように異なる。

  抵抗：電圧と電流は同位相である。

  容量：電圧に対し電流は $90°$ 進む。電流に対し電圧は $90°$ 遅れる。

  インダクタ：電圧に対し電流は $90°$ 遅れる。電流に対し電圧は $90°$ 進む。

- 電力と力率：電気回路において印加される実効交流電圧 V_e と，流れる実効交流電流 I_e の位相が ϕ のとき，$\cos\phi$ を力率という。実効電力 $\overline{P}$ は $\overline{P} = V_e I_e \cos\phi$ である。皮相電力 P_a は単純に電圧と電流を掛けた $P_a = V_e I_e$ で表され，実際には消費されない無効電力 P_r は $P_r = V_e I_e \sin\phi$ で表される。

- 進相コンデンサと力率改善：電動機などではインダクタによる位相を，容量を用いて補償することで力率を改善できる。この容量を進相コンデンサという。

第8章

共振回路

　共振回路は容量とインダクタで構成され，特定の周波数に強い反応を示す。このためフィルタなどの周波数の選択や特定の周波数の信号を発生させる発振器に利用されている。また容量もしくはインダクタの端子間電圧が電圧源の電圧よりも大幅に増大したり，これらの回路素子を流れる電流が電流源の電流よりも大幅に増大したりする特異な現象を引き起こす。

　共振回路中の抵抗成分によってこれらの電圧や電流の増幅率や，信号が通過する帯域幅が決まるので，抵抗の設定によって増幅率や帯域幅を調整することができる。

8.1　無損失共振回路とリアクタンス特性

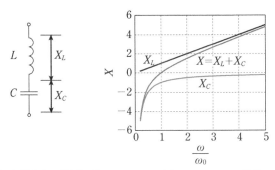

(a) 無損失直列共振回路　　　(b) リアクタンス特性

図8.1　**無損失直列共振回路とリアクタンス特性**

　まずは理想的な抵抗成分を持たないリアクタンスのみの**共振回路**を考える。図8.1に**無損失直列共振回路**とその**リアクタンス特性**を示す。図8.1(a) の無損失直列共振回路のインピーダンス Z は，インダクタのインピーダンスを Z_L，容量のインピーダンスを Z_C とすると，

$$Z = Z_L + Z_C = j\omega L + \frac{1}{j\omega C} = j\left(\omega L - \frac{1}{\omega C}\right) \tag{8.1}$$

となる。**直列共振角周波数** ω_0 はインピーダンスが 0 になる角周波数なので，

$$\omega_0 = \frac{1}{\sqrt{LC}} \tag{8.2}$$

となる。これを用いると，式 (8.1) は

$$Z = jX = j(X_L + X_C) = j\omega_0 L\left(\frac{\omega}{\omega_0} - \frac{1}{\omega\omega_0 LC}\right) = j\omega_0 L\left(\frac{\omega}{\omega_0} - \frac{\omega_0}{\omega}\right) \tag{8.3}$$

と表すことができる。ここで，X は**リアクタンス**，X_L はインダクタによるリアクタン

ス，X_C は容量によるリアクタンスを表す。図8.1(b) に，$\omega_0 L = 1$ としたときの $\dfrac{\omega}{\omega_0}$

に対するリアクタンス (X, X_L, X_C) を示す。

　角周波数が共振角周波数よりも低いときのリアクタンスは容量で決定され，値は負
をとる。角周波数が共振角周波数よりも高いときのリアクタンスはインダクタで決定
され，値は正をとる。共振角周波数においては X_L と X_C は絶対値で同じ値をとる。

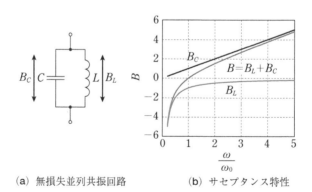

（a）無損失並列共振回路　　　（b）サセプタンス特性

図8.2　**無損失並列共振回路とサセプタンス特性**

　次に，図8.2に**無損失並列共振回路**とその**サセプタンス特性**を示す。無損失並列共

振回路の**アドミッタンス** Y は，容量のアドミッタンスを Y_C，インダクタのアドミッタンスを Y_L とすると，

$$Y = Y_C + Y_L = j\omega C + \frac{1}{j\omega L} = j\omega_0 C \left(\frac{\omega}{\omega_0} - \frac{\omega_0}{\omega} \right) \tag{8.4}$$

となる。したがって**サセプタンス** B は，容量によるサセプタンスを B_C，インダクタによるサセプタンスを B_L とすると，

$$B = B_C + B_L = \omega_0 C \left(\frac{\omega}{\omega_0} - \frac{\omega_0}{\omega} \right) \tag{8.5}$$

となる。図8.2(b) に $\omega_0 C = 1$ としたときの $\dfrac{\omega}{\omega_0}$ に対するサセプタンス (B, B_C, B_L) を示す。

　角周波数が共振角周波数よりも低いときのサセプタンスはインダクタで決定され，値は負をとる。角周波数が共振角周波数よりも高いときのサセプタンスは容量で決定され，値は正をとる。共振角周波数においては B_C と B_L は絶対値で同じ値をとり，アドミッタンスが 0，つまりインピーダンスが無限大になる。

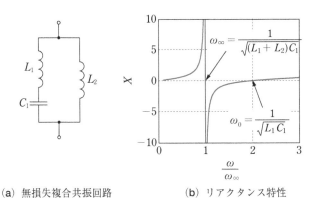

（a）無損失複合共振回路　　　　（b）リアクタンス特性

図8.3　無損失複合共振回路とリアクタンス特性

　図8.3に，**無損失複合共振回路**を示す。インピーダンスとリアクタンスを計算すると，

$$Z = \cfrac{j\omega L_2 \left(j\omega L_1 + \cfrac{1}{j\omega C_1} \right)}{j\omega (L_1 + L_2) + \cfrac{1}{j\omega C_1}} = \cfrac{j\omega L_2 \left\{ 1 - \left(\cfrac{\omega}{\omega_0} \right)^2 \right\}}{1 - \left(\cfrac{\omega}{\omega_\infty} \right)^2}$$

$$X = \cfrac{\omega L_2 \left\{ 1 - \left(\cfrac{\omega}{\omega_0} \right)^2 \right\}}{1 - \left(\cfrac{\omega}{\omega_\infty} \right)^2} \qquad \qquad (8.6)$$

となる。ここで,

$$\omega_0 = \frac{1}{\sqrt{L_1 C_1}} \qquad (8.7)$$

$$\omega_\infty = \frac{1}{\sqrt{(L_1 + L_2) C_1}} \qquad (8.8)$$

であり，それぞれ $X=0$ となる**直列共振角周波数** ω_0, および $X=\infty$ となる**並列共振角周波数** ω_∞ である。図 8.3(b) に $L=1$, $\omega_\infty=1$, $\omega_0=2$ のときの $\frac{\omega}{\omega_\infty}$ に対するリアクタンスを示す。直列共振と並列共振を併せた特性になっている。

8.2 損失を持つ共振回路

実際の共振回路には抵抗によるエネルギー損失があり，この効果を考慮する必要がある。

8.2.1 直列共振回路

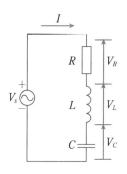

図8.4 損失を持つ直列共振回路

図8.4に損失を持つ**直列共振回路**を示す。流れる電流 I は

$$I = \frac{V_s}{R + j\omega L + \dfrac{1}{j\omega C}} \tag{8.9}$$

であり，絶対値をとると

$$|I| = \frac{|V_s|}{\sqrt{R^2 + \left(\omega L - \dfrac{1}{\omega C}\right)^2}} \tag{8.10}$$

となる。したがって，$\omega L - \dfrac{1}{\omega C} = 0,\ \omega = \dfrac{1}{\sqrt{LC}} = \omega_0$ で電流値は最大となり

$$|I| = \frac{|V_s|}{R} \tag{8.11}$$

の電流が流れる。図8.5に，$L = 0.158\,\mathrm{H}, C = 0.158\,\mathrm{F}, R = 0.1\,\Omega, V_s = 1.0\,\mathrm{V}$ のときに流れる電流と各回路素子の電圧（絶対値）の周波数特性を示す。共振周波数 f_0 は約 $1\,\mathrm{Hz}$ である。共振周波数近傍で急激に電流が増大することがわかる。

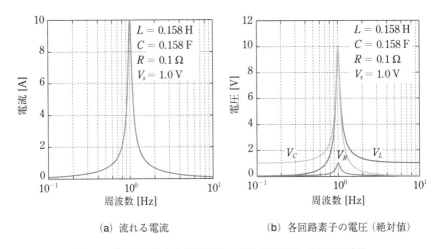

(a) 流れる電流　　　　(b) 各回路素子の電圧（絶対値）

図8.5　**流れる電流と各回路素子の電圧（絶対値）の周波数特性**

各回路素子の電圧は

$$V_R = IR = \frac{RV_s}{R + j\omega L - j\dfrac{1}{\omega C}} \tag{8.12}$$

$$V_L = j\omega LI = \cfrac{V_s}{1 - \left(\cfrac{\omega_0}{\omega}\right)^2 - j\cfrac{R}{\omega L}} \tag{8.13}$$

$$V_C = \cfrac{I}{j\omega C} = \cfrac{V_s}{1 - \left(\cfrac{\omega}{\omega_0}\right)^2 + j\omega RC} \tag{8.14}$$

と表される。共振状態での各電圧の値は $\omega = \omega_0$ を代入して,

$$\left.\begin{aligned}
&V_R = V_s \\
&V_L = j\frac{\omega_0 L}{R}V_s \\
&V_C = -j\frac{1}{\omega_0 CR}V_s = -j\frac{\omega_0}{\omega_0^2 CR}V_s = -j\frac{\omega_0}{\frac{1}{LC}CR}V_s = -j\frac{\omega_0 L}{R}V_s = -V_L
\end{aligned}\right\} \tag{8.15}$$

となる。つまり,V_C, V_L は位相が信号源電圧に対し $+90°$,$-90°$ であり,ともに共振角周波数で最大となり,ちょうど打ち消しあって,インピーダンスは抵抗 R となる。ただし,インダクタの電圧 V_L および容量の電圧 V_C そのものは最大の値になっており,信号源電圧 V_s よりも高い電圧が発生していることに注意が必要である。

　共振回路では,共振回路のよさを表す量として,次のように Q を定義する。

$$Q = \left|\frac{V_L}{V_s}\right|_{\omega=\omega_0} = \left|\frac{V_C}{V_s}\right|_{\omega=\omega_0} = \frac{\omega_0 L}{R} = \frac{1}{\omega_0 CR} \tag{8.16}$$

式 (8.16) に $\omega_0 = \cfrac{1}{\sqrt{LC}}$ を代入すると,

$$Q = \frac{1}{R}\sqrt{\frac{L}{C}} \tag{8.17}$$

である。Q は $\sqrt{\dfrac{L}{C}}$ で決まる抵抗と,抵抗 R との比と見ることができる。信号源電圧よりも Q 倍大きな電圧がインダクタおよび容量に発生する。図 8.5(b) を見ると,$\omega \ll \omega_0$ の周波数領域では $V_C \approx V_s$ と,容量に発生する電圧で全体の電圧が決まっており,$\omega \gg \omega_0$ 周波数領域では $V_L \approx V_s$ とインダクタに発生する電圧で全体の電圧が決まっている。

　次に,回路系のポールとゼロという観点から,直列共振回路のアドミッタンスを見ていく。図 8.4 の直列共振回路のアドミッタンス $Y(s)$ は

$$Y(s) = \frac{1}{Z(s)} = \frac{1}{R + sL + \dfrac{1}{sC}} = \frac{1}{L}\left(\frac{s}{s^2 + s\dfrac{R}{L} + \dfrac{1}{LC}}\right) = \frac{1}{L}\frac{s}{(s - p_1)(s - p_2)}$$

(8.18)

となる。ここで，

$$p_{1,2} = -\frac{R}{2L} \pm j\sqrt{\frac{1}{LC} - \left(\frac{R}{2L}\right)} = \omega_0\left\{-\zeta \pm j\sqrt{1 - \zeta^2}\right\}$$

(8.19)

である。また，ダンピングファクター ζ と Q の間には

$$\zeta = \frac{R}{2}\sqrt{\frac{C}{L}} = \frac{1}{2Q}$$

(8.20)

の関係がある。

したがって，直列共振回路のアドミッタンス $Y(s)$ は一対の共役複素根（ポール）と原点にゼロを持つ（図8.6）。ポールが虚軸に接近しているほど Q が高い。また，共振角周波数では2つのポールを合わせた位相は $-90°$ になるので，ゼロにより形成される位相の $90°$ と打ち消しあい，位相が 0 になる。

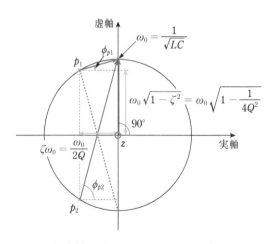

図8.6　直列共振回路のアドミッタンスのポールとゼロ

8.2.2 並列共振回路

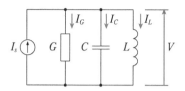

図8.7 損失を持つ並列共振回路

損失を持つ**並列共振回路**を図8.7に示す。電流源 I_s で駆動すると，発生する電圧 V は

$$V = \frac{I_s}{G + j\omega C + \dfrac{1}{j\omega L}} \tag{8.21}$$

$$|V| = \frac{|I_s|}{\sqrt{G^2 + \left(\omega C - \dfrac{1}{\omega L}\right)^2}} \tag{8.22}$$

となる。したがって，共振角周波数 ω_0 では

$$|V|_{\omega = \omega_0} = \frac{|I_s|}{G} = R|I_s| \tag{8.23}$$

と，抵抗 R のみの回路とみなせる。Q は

$$Q = \left|\frac{I_L}{I_s}\right|_{\omega = \omega_0} = \left|\frac{I_C}{I_s}\right|_{\omega = \omega_0} = \omega_0 R C = \frac{R}{\omega_0 L} \tag{8.24}$$

あるいは，

$$Q = R\sqrt{\frac{C}{L}} \tag{8.25}$$

である。直列共振回路とは分子・分母が逆になっている。電流源 I_s よりも Q 倍大きな電流がインダクタおよび容量に流れる。

8.2.3　抵抗の直並列変換

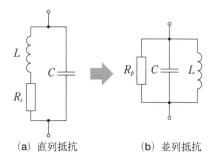

（a）直列抵抗　　　　　　　（b）並列抵抗

図8.8　直列抵抗から並列抵抗への変換

　実際の回路では，並列共振回路に Q を下げる抵抗をわざわざ入れることはなく，主としてインダクタの直列抵抗 R_s が並列抵抗 R_p に変換される。図 8.8 は直列抵抗 R_s から並列抵抗 R_p への変換を表している。図8.8(a) に示した，インダクタの抵抗を R_s とし，インダクタ L と抵抗 R_s の直列接続回路のアドミッタンス Y を求めると，

$$Y = \frac{1}{R_s + j\omega L} = \frac{R_s - j\omega L}{R_s^2 + (\omega L)^2} = \frac{R_s}{R_s^2 + (\omega L)^2} - \frac{j\omega L}{R_s^2 + (\omega L)^2} \tag{8.26}$$

となる。Q が十分高いとすると，式 (8.16) より

$$Q = \frac{\omega_0 L}{R_s} \gg 1 \tag{8.27}$$

$$R_s \ll \omega_0 L \tag{8.28}$$

となるので，共振周波数近傍では

$$Y \approx \frac{R_s}{(\omega_0 L)^2} + \frac{1}{j\omega_0 L} \tag{8.29}$$

となる。したがって，インダクタンスはほとんど変化せず，直列抵抗 R_s は並列抵抗 R_p に変換され，その抵抗値は，

$$R_p = \frac{(\omega_0 L)^2}{R_s} \tag{8.30}$$

となる。直列抵抗 R_s が小さいほど，並列抵抗 R_p は大きい。

8.3 共振特性

直列共振回路のアドミッタンスと並列共振回路のインピーダンスはまったく同形であるので，図8.7の並列共振回路について考える。図8.8(b) を参考にして G を $\frac{1}{R_p}$ に置き換えると，インピーダンス Z は

$$Z = \frac{1}{\frac{1}{R_p} + j\left(\omega C - \frac{1}{\omega L}\right)} \tag{8.31}$$

であり，この式は以下のように変形できる。

$$Z = \frac{R_p}{1 + j\omega_0 C R_p \left(\frac{\omega}{\omega_0} - \frac{\omega_0}{\omega}\right)} \tag{8.32}$$

さらに式 (8.24) より，

$$Z = \frac{R_p}{1 + jQ\left(\frac{\omega}{\omega_0} - \frac{\omega_0}{\omega}\right)} \tag{8.33}$$

となる。

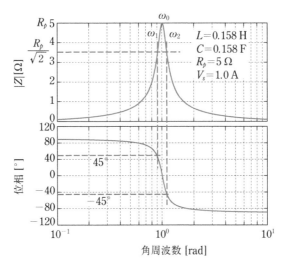

図8.9　共振特性

図8.9に，$\omega_0 = 1\,\mathrm{rad}$ としたときのインピーダンス Z の周波数特性を示す。共振角

周波数 ω_0 の近傍の角周波数 ω_1, ω_2 の間で，インピーダンスが $\dfrac{R_p}{\sqrt{2}}$ 以上になり，位相が $45°$ から $-45°$ まで回転する。この ω_1, ω_2 は式 (8.33) より，

$$
\left.
\begin{aligned}
\frac{\omega_1}{\omega_0} - \frac{\omega_0}{\omega_1} &= -\frac{1}{Q} \\
\frac{\omega_2}{\omega_0} - \frac{\omega_0}{\omega_2} &= \frac{1}{Q}
\end{aligned}
\right\}
\tag{8.34}
$$

ただし，$\omega_1 < \omega_0 < \omega_2$ である。これより，

$$
\left.
\begin{aligned}
\omega_1 &= \omega_0 \left(\sqrt{1 + \frac{1}{4Q^2}} - \frac{1}{2Q} \right) \\
\omega_2 &= \omega_0 \left(\sqrt{1 + \frac{1}{4Q^2}} + \frac{1}{2Q} \right)
\end{aligned}
\right\}
\tag{8.35}
$$

となる。ここで，**通過帯域幅** ω_b を次のように定義する。

$$
\omega_b = \omega_2 - \omega_1
\tag{8.36}
$$

これは，式 (8.35) を用いて

$$
\omega_b = \frac{\omega_0}{Q}
\tag{8.37}
$$

と表されるので，Q が高いほど通過帯域幅が狭くなり，鋭い**周波数選択**が可能になる。

共振回路の Q が高い場合，インピーダンスが大きく変化するのは共振角周波数の近傍だけであるので，$\omega = \omega_0 + \Delta\omega$ を用いると，

$$
\frac{\omega}{\omega_0} - \frac{\omega_0}{\omega} = \frac{\omega_0 + \Delta\omega}{\omega_0} - \frac{\omega_0}{\omega_0 + \Delta\omega} \approx 2\frac{\Delta\omega}{\omega_0}
\tag{8.38}
$$

が得られる。したがって式 (8.33) は次式で近似可能である。

$$
Z \approx \frac{R_p}{1 + j2Q\dfrac{\Delta\omega}{\omega_0}}
\tag{8.39}
$$

以上で述べたように，共振回路は周波数の選択だけでなく，電圧の増幅作用があるので電圧変換器に使用されることがある。

8.1 図問8.1の回路のリアクタンスを求め，直列および並列共振周波数を求めよ。次に，リアクタンスの周波数特性を示せ。

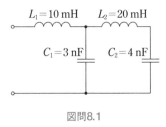

図問8.1

8.2 R, L, C からなる並列共振回路で通過帯域幅を一定に保ったままで共振角周波数を変化させたい。R, L, C をどのように変化させればよいか。

8.3 図問8.3の並列共振回路において，以下の問いに答えよ。ただし，インダクタLの値は10 nH，インダクタの直列抵抗R_sの値は4 Ωとする。

(1)共振周波数を1 GHzにする容量Cの値を求めよ。

(2)Qを求めよ。

(3)共振時の端子間のインピーダンスを求めよ。

(4)信号の通過帯域幅を周波数f_bで求めよ。

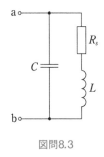

図問8.3

8.4 実際の容量のインピーダンス特性を図問8.4に示す。この容量の等価回路を作成し，各回路素子の値を求めよ。

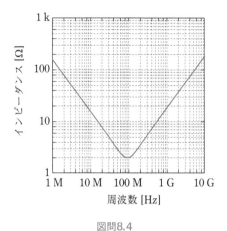

図問8.4

8.5 図問8.5(a)は2つの実際の容量C_1, C_2を，図問8.5(b)はこの2つの容量C_1, C_2を並列に接続した状態を表している。図問8.5(c)は2つの容量C_1, C_2のインピーダンス特性である。以下の問いに答えよ。

(1)容量C_1およびC_2の等価回路をRLC直列回路で表すときに，各値を求めよ。

(2)容量C_1とC_2を並列接続したときのインピーダンス特性の概略を述べよ。ただし，計算を容易にするために抵抗は無視せよ。共振現象が出現する場合はその周波数を求めよ。

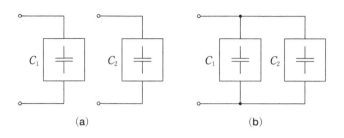

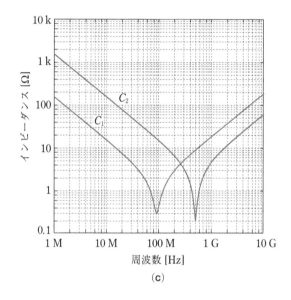

図問8.5

8.6 図問8.6の*RLC*回路において，以下の問いに答えよ。

(1)端子から見たアドミッタンスY_{in}を求めよ。

(2)直列共振回路の $Q = \dfrac{\omega L}{R}$ を用いて，(1) で求めた Y_{in} を表せ。

(3)端子から見たアドミッタンスY_{in}が虚数成分を持たない抵抗成分のみになる条件を求めよ。

(4)端子から見たインピーダンスZ_{in}が抵抗成分のみを持ち，抵抗*R*の*k*倍になる条件を求めよ。

(5)端子から見たインピーダンスZ_{in}が抵抗成分のみを持ち，抵抗*R*の10倍になるための*Q*を求めよ。

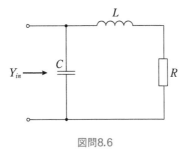

図問8.6

・直列共振回路と並列共振回路：無損失直列共振回路では，共振時にインピーダンスが0になる。無損失並列共振回路では，共振時にインピーダンスが無限大になる。

・複合共振回路：複合共振回路では，直列共振と並列共振が現れる。

・損失を持つ共振回路とQ：損失を持つ共振回路では，共振時にインピーダンスやアドミッタンスにおいて虚数成分が0となり抵抗となる。直列共振回路では，容量およびインダクタの電圧は入力電圧のQ倍になる。並列共振回路では，容量およびインダクタを流れる電流は入力電流のQ倍になる。

直列共振回路のQ：$Q = \dfrac{1}{R}\sqrt{\dfrac{L}{C}}$

並列共振回路のQ：$Q = R\sqrt{\dfrac{C}{L}}$

・直列抵抗から並列抵抗への変換：共振回路におけるインダクタや容量の直列抵抗R_sは，次式を用いて並列抵抗R_pに変換できる。

$$R_p = \frac{(\omega_0 L)^2}{R_s}$$

・共振回路の通過帯域幅：共振回路の通過帯域幅はQが高いほど狭い。通過帯域幅ω_bは次式で表される。

$$\omega_b = \frac{\omega_0}{Q}$$

第*9*章
変成器

　変成器は2つのコイルを磁気結合したもので，一方のコイルに電流を流すと他方のコイルに起電力が生じエネルギーが伝わる電磁誘導作用を利用したものである。電圧の変換，インピーダンスの変換，電気的な分離などに用いられる。本章では，この特異な作用を持つ変成器の電気特性，特にインピーダンス変換作用について述べる。

9.1　変成器

　変成器は2つのコイルを**磁気結合**したもので，通常フェライトなどの透磁率の高い磁性体を用いることで結合を強くする。しかし，高周波回路用の変成器は磁性体を用いないで結合させている。磁気結合を用いたIDタグでは，2つのコイルが若干距離を持っているので変成器に分類されないが，変成器の考え方を用いて動作解析できる。

　図9.1に変成器を示す。1巻あたりL_0のインダクタを持ち，電流Iを流したとき，磁束Φ_0ができるものとする。また**1次コイル**の巻数をN_1，**2次コイル**の巻数をN_2とする。

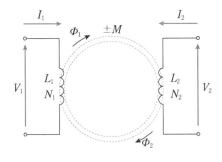

図9.1　変成器

　はじめに$I_2 = 0$とする。I_1とV_1の関係はインダクタと同様であるので，

$$\Phi_1 = N_1 \Phi_0 = N_1 L_0 I_1 \tag{9.1}$$

$$V_1 = N_1 \frac{d\Phi_1}{dt} = N_1^2 L_0 \frac{dI_1}{dt} = L_1 \frac{dI_1}{dt} \tag{9.2}$$

$$\therefore L_1 = N_1^2 L_0 \tag{9.3}$$

である。磁束 Φ_1 の大部分は同じコアに巻かれた2次コイルとも鎖交し，電圧 V_2 を発生させる。磁束 Φ_1 のうち $K\Phi_1 (K \leq 1)$ が2次コイルと鎖交したとすると，起電力が発生し，

$$V_2 = KN_2 \frac{d\Phi_1}{dt} = KN_1 N_2 L_0 \frac{dI_1}{dt} = M \frac{dI_1}{dt} \tag{9.4}$$

となる。ここで，

$$M = KN_1 N_2 L_0 \tag{9.5}$$

を**相互インダクタンス**と呼ぶ。$I_1 = 0$ のときも，回路の対称性から以下が成り立つ。

$$\Phi_2 = N_2 \Phi_0 = N_2 L_0 I_2 \tag{9.6}$$

$$V_2 = N_2 \frac{d\Phi_2}{dt} = N_2^2 L_0 \frac{dI_2}{dt} = L_2 \frac{dI_2}{dt} \tag{9.7}$$

$$\therefore L_2 = N_2^2 L_0 \tag{9.8}$$

$$V_1 = KN_1 \frac{d\Phi_2}{dt} = KN_1 N_2 L_0 \frac{dI_2}{dt} = M \frac{dI_2}{dt} \tag{9.9}$$

相互インダクタンス M は互いの巻線の方向により正負両方の値がとれることと，I_1, I_2 に関する重ね合わせの理が成り立つことより，次の**変成器の基本式**が得られる。

$$\left.\begin{array}{l} V_1 = L_1 \dfrac{dI_1}{dt} \pm M \dfrac{dI_2}{dt} \\[2mm] V_2 = \pm M \dfrac{dI_1}{dt} + L_2 \dfrac{dI_2}{dt} \end{array}\right\} \tag{9.10}$$

また，相互インダクタンスは**結合係数** k $(k \leq 1)$ を用いて，以下のように表される。

$$M = k\sqrt{L_1 L_2} \tag{9.11}$$

相互インダクタンスの極性については図9.2に示すように表現する。相互インダクタンスの極性は，1次コイルと2次コイルのドット（黒丸）が同一方向のとき正，逆方向

のとき負である。

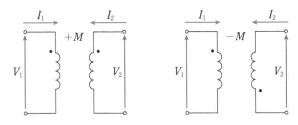

図9.2 変成器の極性

9.2 変成器の等価回路

式 (9.10) は式 (9.12) のように変形できる。

$$
\left.\begin{aligned}
V_1 &= (L_1 \mp M)\frac{dI_1}{dt} \pm M\frac{d}{dt}(I_1 + I_2) \\
V_2 &= \pm M\frac{d}{dt}(I_1 + I_2) + (L_2 \mp M)\frac{dI_2}{dt}
\end{aligned}\right\}
\tag{9.12}
$$

したがって，図9.3に示すような変成器を含まない等価回路に書き換えることができる。

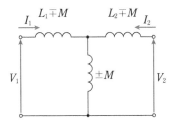

図9.3 変成器の等価回路

9.3 負荷を接続した変成器と入力インピーダンス

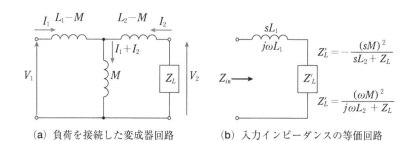

（a）負荷を接続した変成器回路　　　（b）入力インピーダンスの等価回路

図9.4　負荷を接続した変成器回路と入力インピーダンスの等価回路

変成器にはインピーダンスの変換作用がある。そこで図 9.4 に示すように，変成器に負荷インピーダンス Z_L の負荷を接続したときの入力インピーダンスを求める。図 9.4(a) より，

$$
\left.
\begin{aligned}
V_1 &= sL_1 I_1 + sM I_2 \\
V_2 &= sM I_1 + sL_2 I_2 \\
V_2 &= -Z_L I_2
\end{aligned}
\right\}
\tag{9.13}
$$

よって，入力インピーダンス Z_{in} は

$$
Z_{in} = \frac{V_1}{I_1} = sL_1 - \frac{s^2 M^2}{sL_2 + Z_L}
\tag{9.14}
$$

と求められる。$s \to j\omega$ の変換を行うと

$$
Z_{in} = j\omega L_1 + \frac{\omega^2 M^2}{j\omega L_2 + Z_L}
\tag{9.15}
$$

となる。この等価回路を図 9.4(b) に示す。

9.4 理想変成器

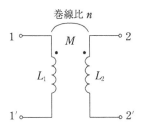

巻線比 n

図9.5 巻線比nの変成器

巻線比が n の変成器（図9.5）においては

$$
\left.\begin{array}{l}
L_1 : M = M : L_2 = N_1 : N_2 = n \\
\therefore \quad L_1 : M : L_2 = 1 : n : n^2
\end{array}\right\}
\tag{9.16}
$$

である。結合係数 $k=1$ で2つのコイルが損失なく結合し

$$
\left.\begin{array}{l}
M = \sqrt{L_1 L_2} \\
L_2 = n^2 L_1
\end{array}\right\}
\tag{9.17}
$$

が成り立つ理想変成器では，式 (9.15) は

$$
\begin{aligned}
Z_{in} &= j\omega L_1 + \frac{\omega^2 M^2}{j\omega L_2 + Z_L} = \frac{-\omega^2 L_1 L_2 + j\omega L_1 Z_L + \omega^2 M^2}{j\omega L_2 + Z_L} \\
&= \frac{\omega^2 (M^2 - L_1 L_2) + j\omega L_1 Z_L}{j\omega L_2 + Z_L} = \frac{j\omega L_1 Z_L}{j\omega L_1 n^2 + Z_L}
\end{aligned}
\tag{9.18}
$$

となる。この逆数のアドミッタンス Y_{in} を求めると，

$$
Y_{in} = \frac{1}{Z_{in}} = \frac{n^2}{Z_L} + \frac{1}{j\omega L_1}
\tag{9.19}
$$

したがって，入力インピーダンス Z_{in} は，図9.6に示すように，負荷インピーダンスを $1/n^2$ したものと，インダクタンス L_1 のインダクタが並列に接続されたものと等価になる。これより，

$$
|Z_L| \ll n^2 \omega L_1
\tag{9.20}
$$

のときは，変成器が**インピーダンス変成器**として動作する。このことはインピーダンスの変換にとって非常に都合がよい。

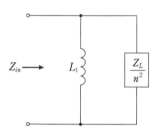

図9.6 負荷を持つ理想変成器

このため，式 (9.20) が成り立つときは，図9.7に示すように，入出力電圧と電流の関係は

$$\left.\begin{array}{l} V_2 = nV_1 \\ I_2 = \dfrac{I_1}{n} \end{array}\right\}$$

(9.21)

となる。このような変成器は**理想変成器**（理想トランスもしくは理想変圧器）と呼ばれ，電圧や電流の変換，インピーダンスの変換，直流電圧の遮断などに用いられている。

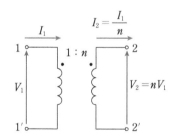

図9.7 理想変成器の電圧・電流関係

例9.1

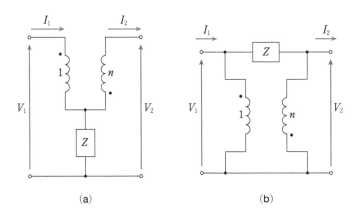

(a)　　　　　　　　　　　　(b)

図9.8　共通インピーダンスを持つ理想変成器

図 9.8 の回路の V_1, I_1 を V_2, I_2 で表す。図 9.8(a) の場合，図 9.9 のように電圧と電流を定めると，次式が成り立つ。

$$I_1 = -nI_2 \tag{9.22}$$

$$V_A = -\frac{V_B}{n} \tag{9.23}$$

$$\left.\begin{aligned}V_1 &= V_A + Z(I_1 - I_2) = V_A - Z(1 + n)I_2 \\ V_2 &= V_B - Z(1 + n)I_2\end{aligned}\right\} \tag{9.24}$$

よって，式 (9.24)，式 (9.23) を用いて V_A を求めると

$$V_A = -\frac{V_2}{n} - \left(1 + \frac{1}{n}\right)ZI_2 \tag{9.25}$$

となる。したがって，式 (9.22)，式 (9.24) より

$$\left.\begin{aligned}V_1 &= -\frac{V_2}{n} - \left(n + 2 + \frac{1}{n}\right)ZI_2 \\ I_1 &= -nI_2\end{aligned}\right\} \tag{9.26}$$

となる。

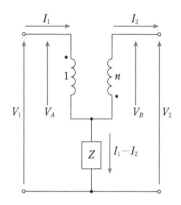

図9.9　**図9.8(a)の回路の電圧と電流のとり方**

図9.8(b) の場合，図9.10のように電圧と電流を定めると，次式が成り立つ。

$$V_1 = -\frac{1}{n}V_2 \tag{9.27}$$

$$I_A = -nI_B \tag{9.28}$$

$$I_C = -\frac{1}{Z}(V_1 - V_2) = -\frac{1}{Z}\left(1 + \frac{1}{n}\right)V_2 \tag{9.29}$$

$$I_2 = I_C + I_B \tag{9.30}$$
$$I_1 = I_A + I_C \tag{9.31}$$

これらの式から I_A, I_B, I_C を消去して，次の結果が得られる。

$$\left.\begin{array}{l} V_1 = -\dfrac{1}{n}V_2 \\[3mm] I_1 = -\dfrac{n + 2 + \dfrac{1}{n}}{Z}V_2 - nI_2 \end{array}\right\} \tag{9.32}$$

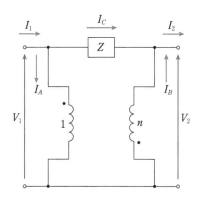

図9.10　図9.8(b)の回路の電圧と電流のとり方

例9.2

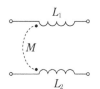

図9.11　コモンモードチョーク

　変成器を利用した回路に図9.11に示す**コモンモードチョーク**がある。**差動モード**の信号伝送では，コモンモードチョークによる信号減衰がほとんど生じない信号伝送を実現し，**同相モードノイズ**に対しては大きな信号減衰を生じさせることで負荷にノイズがあまり現れないようにすることができる。

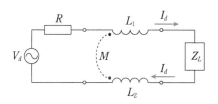

図9.12　差動モードの信号伝送

はじめに図9.12に示す差動モードの信号伝送を考える。V_d は差動モード入力信号である。図9.12より，

$$V_d = I_d (R + j\omega L_1 - j\omega M + j\omega L_2 - j\omega M + Z_L) \tag{9.33}$$

となる。ここで，2つのインダクタは結合定数 $k = 1$ で損失なく結合しており，$L_1 = L_2 \approx M$ とすると，式 (9.33) は

$$V_d = I_d (R + Z_L) \tag{9.34}$$

となり，コモンモードチョークによる信号減衰がほとんど生じない信号伝送を実現できる。

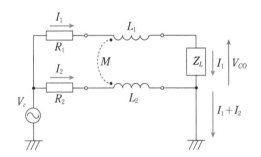

図9.13　同相モードの信号伝送

次に，図9.13に示す同相モードの信号伝送を考える。V_c は同相モード入力信号である。次の2つの式が成り立つ。

$$V_c = I_1 (R_1 + j\omega L_1 + Z_L) + I_2 j\omega M \tag{9.35a}$$

$$V_c = I_2 (R_2 + j\omega L_2) + I_1 j\omega M \tag{9.35b}$$

ここで，$L_1 = L_2 = L \approx M$ とすると，

$$I_1 = \frac{V_c}{R_1 + Z_L + j\omega L \left(1 + \dfrac{R_1}{R_2} + \dfrac{Z_L}{R_2}\right)} \tag{9.36}$$

となる。したがって，負荷 Z_L に現れる電圧 V_{CO} は

$$V_{CO} = I_1 Z_L = \frac{V_c Z_L}{R_1 + Z_L + j\omega L \left(1 + \dfrac{R_1}{R_2} + \dfrac{Z_L}{R_2}\right)} \tag{9.37}$$

となる。通常は $R_1 < |Z_L|$，$R_2 < |Z_L|$ であるので，式 (9.37) は次式で近似できる。

$$V_{CO} \approx \frac{V_c}{1 + \dfrac{j\omega L}{R_2}} \qquad (9.38)$$

したがって，インダクタ L と角周波数 ω が大きいほど，負荷に現れる同相モード電圧は小さくなる。

このコモンモードチョークを用いることで，差動モードでは最大限の信号伝送を行い，同相モードでは負荷に現れる信号をできる限り抑圧できる。これは変成器が電流の向きによりインダクタの値を大幅に変えられる性質があるからである。

● 演習問題

9.1 図問9.1に示す並列に接続された2つのコイルの合成インダクタンス L_T を求めよ。

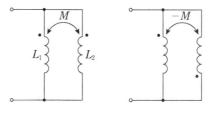

図問9.1

9.2 図問9.2の回路において，$I_2 = 0$ となる角周波数 ω_0 を求めよ。またこのとき，V_0 から見た入力インピーダンスを求めよ。

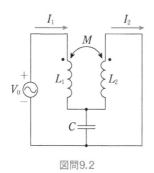

図問9.2

9.3 図問9.3の回路の端子a-b間のインピーダンスを求めよ。

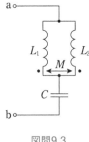

図問9.3

9.4 図問9.4(a)の変成器を図問9.4(b)の等価回路で表す。以下の問いに答えよ。
 (1) 図問9.4(b)のインダクタンスL_A, L_Bを求めよ。
 (2) 端子1-1′間に3 nFの容量Cを接続したとき，端子2-2′間から見た直列および並列共振周波数を求めよ。

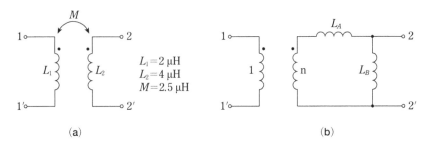

図問9.4

本章のまとめ

・変成器の電圧・電流関係：変成器は 1 次コイルと 2 次コイルを有し，その電圧と電流は以下で表される。

$$\left.\begin{aligned} V_1 &= L_1 \frac{dI_1}{dt} \pm M \frac{dI_2}{dt} \\ V_2 &= \pm M \frac{dI_1}{dt} + L_2 \frac{dI_2}{dt} \end{aligned}\right\}$$

・相互インダクタンスの極性：相互インダクタンス M は互いの巻線の方向により正負両方の値をとる。

・変成器とインピーダンス変換：結合係数 $k=1$ の理想変成器では，巻線比 n の 2 乗を係数とするインピーダンス変換器として動作する。

第*10*章
デシベルとボード図

通常，周波数特性を表すにはデシベル（dB）という単位を用いる。この表記法には，広い周波数範囲にわたって周波数特性が把握できるほか，回路が縦続接続されるときに，全体の周波数特性が各回路の周波数特性の加減算で求めることができるため，特性解析や特性合成が容易であるという利便性がある。利得と位相の特性をゼロとポールに関する利得と位相の加減算で表したものがボード図である。さらに，周波数特性を直線近似したものが骨格ボード図である。システムのポールとゼロを把握することで，容易に周波数特性を記述できる。

10.1　デシベル

周波数特性を表すには，利得の単位として**デシベル（dB）**を用いる。2つの電力 P_1 と P_2 の大きさを比較するときは，以下のように両者の常用対数をとって10倍する。

$$10\log\left(\frac{P_2}{P_1}\right) \tag{10.1}$$

電圧で比較するときは，

$$10\log\left(\frac{P_2}{P_1}\right) = 10\log\left(\frac{V_2^2}{V_1^2}\right) = 20\log\left(\frac{V_2}{V_1}\right) \tag{10.2}$$

となり，両者の常用対数をとって20倍する。デシベル表示は桁の違う数値を比較するときに便利なだけでなく，縦続接続された回路の伝達特性を求めるときにも便利である。

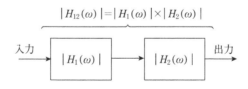

図10.1　回路の縦続接続

例えば図10.1のように，伝達関数がそれぞれ $H_1(\omega)$, $H_2(\omega)$ の回路が縦続接続されているとする。このとき，全体の伝達関数 $H_{12}(\omega)$ は

$$|H_{12}(\omega)| = |H_1(\omega)| \times |H_2(\omega)| \tag{10.3}$$

であるので，デシベル表示を用いると

$$20\log|H_{12}(\omega)| = 20\log|H_1(\omega)| + 20\log|H_2(\omega)| \tag{10.4}$$

となる。それぞれの回路の伝達関数のデシベル表示を求めて加算すればよいので，周波数特性の把握や解析の上で便利である。

10.2　ボード図と骨格ボード図

10.2.1　ボード図

周波数特性をよりわかりやすく表現したものが**ボード図**である。ボーデ図ともいう。周波数特性を表す式 (7.31) に対数変換を行い，利得と位相に分けると，

$$H(\omega) = H\frac{M_{z1}\cdot M_{z2}\cdots M_{zm}}{M_{p1}\cdot M_{p2}\cdots M_{pn}}e^{j(\phi_{z1}+\phi_{z2}+\cdots+\phi_{zm}-\phi_{p1}-\phi_{p2}-\cdots-\phi_{pn})} \tag{7.31 再掲}$$

$$利得：20\log|H(\omega)| = 20\log H + 20\sum_{i=1}^{m}\log|M_{zi}| - 20\sum_{i=1}^{n}\log|M_{pi}| \tag{10.5}$$

$$位相：\phi = \sum_{i=1}^{m}\phi_{zi} - \sum_{i=1}^{n}\phi_{pi} \tag{10.6}$$

となり，利得も位相もゼロとポールに関する加減算で表される。

10.2.2　骨格ボード図

ポールやゼロが実数の場合，式 (7.31) の周波数特性は $-z_m = \omega_{zm}$，$-p_n = \omega_{pn}$ を用いて，以下のように書き換えることができる。

$$
\begin{aligned}
H(j\omega) &= H\frac{(j\omega - z_1)(j\omega - z_2)\cdots(j\omega - z_m)}{(j\omega - p_1)(j\omega - p_2)\cdots(j\omega - p_n)} \\
&= G\frac{\left(1 + \dfrac{j\omega}{\omega_{z1}}\right)\left(1 + \dfrac{j\omega}{\omega_{z2}}\right)\cdots\left(1 + \dfrac{j\omega}{\omega_{zm}}\right)}{\left(1 + \dfrac{j\omega}{\omega_{p1}}\right)\left(1 + \dfrac{j\omega}{\omega_{p2}}\right)\cdots\left(1 + \dfrac{j\omega}{\omega_{pn}}\right)}
\end{aligned} \tag{10.7}
$$

ここで，G は周波数が 0 における利得であり，**直流利得**と呼ばれる。

この式に対数変換を行うと，利得と位相は

利得 (dB)：

$$20\log|H(\omega)| = 20\log G + 20\sum_{i=1}^{m}\log\left|1 + j\frac{\omega}{\omega_{zi}}\right| - 20\sum_{i=1}^{n}\log\left|1 + j\frac{\omega}{\omega_{pi}}\right| \tag{10.8}$$

位相 (rad)：$\phi = \sum_{i=1}^{m}\tan^{-1}\frac{\omega}{\omega_{zi}} - \sum_{i=1}^{n}\tan^{-1}\frac{\omega}{\omega_{pi}} \tag{10.9}$

となる。ただし，位相を °（度）で表すときは $180/\pi$，つまり約 57.3 を式 (10.9) に掛け

る必要がある。ここで利得は

$$20\log\left|1 + j\frac{\omega}{\omega_i}\right| = 10\log\left(1 + \left(\frac{\omega}{\omega_i}\right)^2\right) \tag{10.10}$$

で表されるため，以下のように近似できる。

$$20\log\left|1 + j\frac{\omega}{\omega_i}\right| = 10\log\left(1 + \left(\frac{\omega}{\omega_i}\right)^2\right) = 0\,\text{dB}\ (\omega \ll \omega_i)$$
$$= 20\log\left(\frac{\omega}{\omega_i}\right)\ (\omega \gg \omega_i) \tag{10.11}$$

したがって，図10.2に示すように，ゼロの場合（青線）は，**ゼロ角周波数** $\omega = \omega_z$ より低い角周波数では利得は 0 dB，高い角周波数ではゼロ角周波数を起点にして利得は 20 dB/dec で増大する。ここで dec は 10 倍を表す。またポールの場合（赤線）は，**ポール角周波数** $\omega = \omega_p$ より低い角周波数では利得は 0 dB，高い角周波数ではポール角周波数を起点にして利得は 20 dB/dec で減少（−20 dB/dec）する。

また位相は，ゼロの場合は $\omega = \omega_z$ で 45°，$\omega = 0.1\omega_z$ で 0°，$\omega = 10\omega_z$ で 90° で直線近似し，ポールの場合は $\omega = \omega_p$ で −45°，$\omega = 0.1\omega_p$ で 0°，$\omega = 10\omega_p$ で −90° で直線近似することにより周波数特性を求める図を**骨格ボード図**という。骨格ボーデ図ともいう。

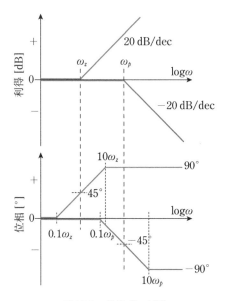

図10.2　**骨格ボード図**

10.2.3　*RC* 積分回路と *RC* 微分回路の周波数特性

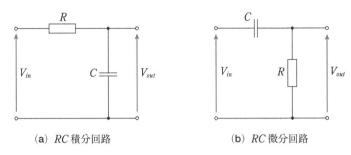

(a) *RC* 積分回路　　　　　　　(b) *RC* 微分回路

図10.3　*RC*積分回路と*RC*微分回路

　代表的な回路として *RC* 積分回路と *RC* 微分回路を取り上げる。利得と位相の周波数特性をボード図で示し，ポールおよびゼロを用いて骨格ボード図を作成する。図10.3に *RC* 積分回路と *RC* 微分回路を示す。*RC* 積分回路の伝達関数 $H(s)$ は

$$\left.\begin{aligned} H(s) &= \frac{1}{1+sRC} = \frac{1}{1+s\tau} = \frac{1}{\tau}\frac{1}{s+\dfrac{1}{\tau}} \\ \tau &= RC, \ p = -\frac{1}{\tau} \end{aligned}\right\} \tag{10.12}$$

であり，$s \to j\omega$ の変換を行い，$\omega_p = -p$ を用いて周波数特性を求めると，

$$\left.\begin{aligned} H(\omega) &= \frac{1}{1+j\dfrac{\omega}{\omega_p}} \\ \omega_p &= -p = \frac{1}{\tau} = \frac{1}{RC} \end{aligned}\right\} \tag{10.13}$$

となる。また，*RC* 微分回路の伝達関数 $H(s)$ は

$$\left.\begin{aligned} H(s) &= \frac{sCR}{1+sRC} = \frac{s\tau}{1+s\tau} = \frac{s}{s+\dfrac{1}{\tau}} \\ \tau &= RC, \ p = -\frac{1}{\tau}, \ z = 0 \end{aligned}\right\} \tag{10.14}$$

であり，$s \to j\omega$ の変換を行い，$\omega_p = -p$ を用いて周波数特性を求めると，

$$
\left.\begin{array}{c}
H(\omega) = \dfrac{j\dfrac{\omega}{\omega_p}}{1 + j\dfrac{\omega}{\omega_p}} \\[4mm]
\omega_p = -p = \dfrac{1}{\tau} = \dfrac{1}{RC}
\end{array}\right\} \tag{10.15}
$$

となる。図10.4に利得と位相のボード図をそれぞれ示す。角周波数はポール角周波数が中心になるようにポール角周波数で規格化している。骨格ボード図による近似も併せて示した。利得はよい近似を与えるが，位相はかなりずれが大きく，おおよその見積もりを与えるものであることに注意が必要である。

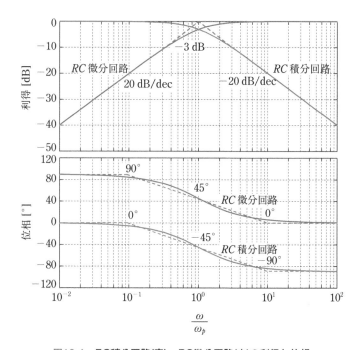

図10.4 *RC*積分回路(青)，*RC*微分回路(赤)の利得と位相

RC積分回路の利得はポール角周波数 ω_p において 3 dB 低下している。これは式 (10.13) において $\omega = \omega_p$ を代入すると，

$$
|H(\omega)|_{\omega = \omega_p} = \left| \frac{1}{1 + j} \right| = \frac{1}{\sqrt{1 + 1}} = \frac{1}{\sqrt{2}} \tag{10.16}
$$

となるためである。

式 (10.14) に示すように，RC 微分回路ではゼロが原点であるので，ポール角周波数 ω_p 以下の角周波数では，利得は $0\,\mathrm{dB}$ 以下であるが，ポール角周波数 ω_p では式 (10.15) より

$$\left. |H(\omega)| \right|_{\omega=\omega_p} = \left| \frac{j}{1+j} \right| = \frac{1}{\sqrt{1+1}} = \frac{1}{\sqrt{2}} \tag{10.17}$$

と，RC 積分回路と同様に $-3\,\mathrm{dB}$ となる。

RC 微分回路の位相については，式 (10.15) より

$$\left. H(\omega) \right|_{\omega \to 0} \approx \left. j\frac{\omega}{\omega_p} \right|_{\omega \to 0} \tag{10.18}$$

であるので，$\omega \ll \omega_p$ において j つまり $90°$ であり，$\omega = \omega_p$ では

$$\left. H(\omega) \right|_{\omega=\omega_p} = \frac{j}{1+j} = \frac{1}{2}(1+j) \tag{10.19}$$

であるので $45°$ であり，$\omega \gg \omega_p$ では

$$\left. H(\omega) \right|_{\omega \to \infty} = \left. \frac{j\dfrac{\omega}{\omega_p}}{1+j\dfrac{\omega}{\omega_p}} \right|_{\omega \to \infty} = 1 \tag{10.20}$$

であるので $0°$ である。

骨格ボード図を用いた周波数特性の作図方法をより明確にするために，はじめポールと原点にはないゼロが 1 つずつある回路の周波数特性を作図する。

例 10.1

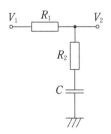

図10.5　*RC回路*

図10.5の RC 回路において V_1 を入力電圧，V_2 を出力電圧として，骨格ボード図を用いて，伝達関数 $H(s) = \dfrac{V_2(s)}{V_1(s)}$ の周波数特性を求める。ただし，$R_1 = 10\,\text{k}\Omega$，$R_2 = 10\,\Omega$，$C = 16\,\text{pF}$ とする。伝達関数 $H(s)$ は

$$H(s) = \frac{R_2 + \dfrac{1}{sC}}{R_1 + R_2 + \dfrac{1}{sC}} = \frac{1 + sCR_2}{1 + sC(R_1 + R_2)} \approx \frac{1 + sCR_2}{1 + sCR_1} \tag{10.21}$$

である。ただし，$R_1 \gg R_2$ を用いた。ポール p とゼロ z は

$$p = -\frac{1}{R_1 C}, \quad z = -\frac{1}{R_2 C} \tag{10.22}$$

であり，ポール角周波数 ω_p とゼロ角周波数 ω_z およびポール周波数 f_p とゼロ周波数 f_z は，

$$\left. \begin{array}{l} \omega_p = \dfrac{1}{R_1 C} = 6.25 \times 10^6\,\text{rad}, \quad \omega_z = \dfrac{1}{R_2 C} = 6.25 \times 10^9\,\text{rad} \\[2mm] f_p \approx 1\,\text{MHz}, \quad f_z \approx 1\,\text{GHz} \end{array} \right\} \tag{10.23}$$

となる。したがって，周波数特性 $H(f)$ は

$$H(f) = \frac{1 + j\dfrac{f}{f_z}}{1 + j\dfrac{f}{f_p}} \tag{10.24}$$

となる。ここで，角周波数 ω ではなく周波数 f を用いるのは，理論的には ω を用いる方が簡潔に記述できるが，実際の回路設計やシミュレーション，特性評価では周波数 f を用いるからである。

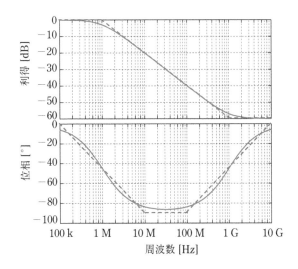

図10.6　*RC*回路の周波数特性

　図10.6にその結果を示す。青実線が回路シミュレーションから得られた正確な値で，赤破線が骨格ボード図である。骨格ボード図を用いて，ポール周波数およびゼロ周波数からおおよその周波数特性を求めることができる。ただし位相は誤差が大きく，特に隣接するポールやゼロの周波数比が1000倍以上ないと誤差が大きくなる。

　利得は，ポール周波数より低い範囲では減衰が0で，ポール周波数以上では20 dB/decで減衰し，ゼロ周波数で減衰が停止し，それ以上の周波数では -60 dB で一定になる。また位相は，ポール周波数の1/10程度の周波数から回転し始め，ポール周波数で $-45°$ をとり，ポール周波数の10倍以上の周波数では $-90°$ で一定となる。さらに，ゼロ周波数の1/10程度の周波数から位相が戻り，ゼロ周波数で $-45°$ まで戻り，ゼロ周波数の10倍以上の周波数では0°で一定となる。このように周波数特性は低い周波数から作図する。次に，異なった極が2つある回路の周波数特性を作図する。

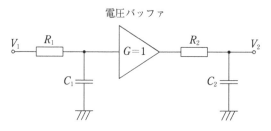

図10.7 **2段のRC回路**

次に，図10.7の2段の RC 回路の周波数特性を求める。ただし，$R_1 = 10\,\mathrm{k\Omega}$，$R_2 = 10\,\Omega$，$C_1 = C_2 = 16\,\mathrm{pF}$ とする。

伝達関数 $H(s)$ は

$$H(s) = \frac{1}{(1 + sR_1C_1)(1 + sR_2C_2)} \tag{10.25}$$

ポール p_1，p_2 は

$$p_1 = -\frac{1}{R_1C_1}, \quad p_2 = -\frac{1}{R_2C_2} \tag{10.26}$$

ポール周波数 f_{p1}，f_{p2} は

$$f_{p1} \approx 1\,\mathrm{MHz}, \quad f_{p2} \approx 1\,\mathrm{GHz} \tag{10.27}$$

したがって，周波数特性 $H(f)$ は

$$H(f) = \frac{1}{\left(1 + j\dfrac{f}{f_{p1}}\right)\left(1 + j\dfrac{f}{f_{p2}}\right)} \tag{10.28}$$

となる。

図10.8に，2段の RC 回路の利得と位相の周波数特性を示す。青実線が回路シミュレーションから得られた正確な値で，赤破線が骨格ボード図である。周波数特性は低い周波数から高い周波数に向かって決定していく。利得は，第1ポール周波数 f_{p1} より低い範囲では減衰が0で，第1ポール周波数以上で第2ポール周波数以下では20 dB/decで減衰し，第2ポール周波数以上では40 dB/decで減衰する。つまり，ポール1個につき20 dB/decずつ減衰が大きくなる。また位相は，第1ポール周波数の1/10程度の周

波数から回転し，第 1 ポール周波数で $-45°$ をとり，第 1 ポール周波数の 10 倍以上の周波数では $-90°$ で一定となる。さらに第 2 ポール周波数の 1/10 程度の周波数から再び位相が回転し始め，第 2 ポール周波数で $-45°$ が加算され $-135°$ となり，第 2 ポール周波数の 10 倍以上の周波数では $-180°$ で一定となる。

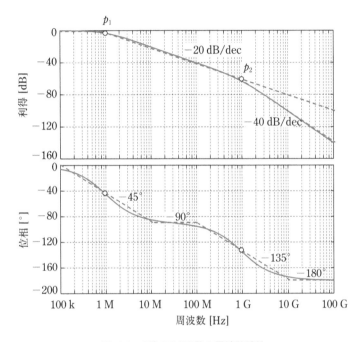

図10.8　**2段の RC 回路の周波数特性**

　ところで，図10.9 に示すように，RC 微分回路のようにゼロが原点にあるときは，第 1 ポール周波数 f_{p1} をまず見つけ，その周波数から低い周波数に向かって $-20\,\text{dB/dec}$ で減衰するように直線を引く必要がある。つまり，第 1 ポール周波数 f_{p1} よりも低い周波数では，利得は第 1 ポール周波数 f_{p1} に向かって $20\,\text{dB/dec}$ で上昇するような骨格ボード図を作成する必要がある。位相は RC 微分回路で述べたように，第 1 ポール周波数 f_{p1} の 1/10 以下の周波数で $90°$，第 1 ポール周波数 f_{p1} において $45°$，第 1 ポール周波数 f_{p1} の 10 倍以上の周波数で $0°$ である。

　このようにポールとゼロを把握し骨格ボード図を用いることで，周波数特性の概略を描くことができる。

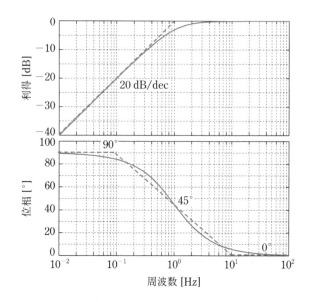

図10.9 ゼロが原点にあるときのボード図と骨格ボード図

<hr />

● 演習問題

10.1 図問10.1の回路において，以下の問いに答えよ。

(1) 伝達関数 $H(s) = \dfrac{V_2(s)}{V_1(s)}$ を求めよ。

(2) ポール p とゼロ z を求めよ。

(3) ポール角周波数 ω_p とゼロ角周波数 ω_z を求めよ。

(4) ポール周波数を100 kHz，ゼロ周波数を100 MHzにしたい。容量 C を100 pFとするとき，R_1, R_2 を求めよ。ただし，$R_1 + R_2 \approx R_1$ と近似してもよい。

(5) 骨格ボード図を用いて，利得と位相の周波数特性の概略を示せ。

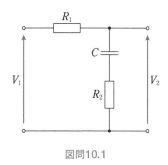

図問10.1

10.2 図問10.2(a)の回路において，以下の問いに答えよ。ただし， $R_1 \gg R_2$ を用いて式を簡略化してもよい。

(1)伝達関数 $H(s) = \dfrac{V_2(s)}{V_1(s)}$ を求めよ。

(2)ポール p とゼロ z を求めよ。

(3)ポール角周波数 ω_p とゼロ角周波数 ω_z を求めよ。

(4)図問10.2 (b)の骨格ボード図のような周波数特性を実現したい。 $R_2 = 1\,\mathrm{k\Omega}$ として，容量 C ，抵抗 R_1 の値を求めよ。

(5)位相特性の概略を示せ。

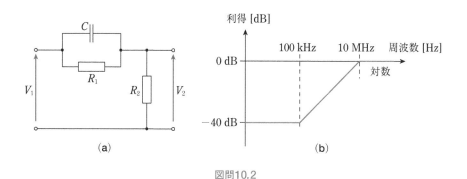

(a)　　　　　　　　　(b)

図問10.2

10.3 伝達関数が $H_1(s) = K\dfrac{1}{\left(1 + \dfrac{s}{\omega_{p1}}\right)\left(1 + \dfrac{s}{\omega_{p2}}\right)}$ の電気回路がある。ただし，

$K = 1000$，$\omega_{p2} = 2\pi f_{p2} = 2\pi \times 1 \times 10^6$ rad とする。以下の問いに答えよ。

(1)利得が1（0 dB）になる周波数で位相が$-135°$になるように，周波数 $f_{p1} = \dfrac{\omega_{p1}}{2\pi}$

を決定し，骨格ボード図を用いて利得と位相の周波数特性を示せ。また，周波数が1 MHz以上の減少率 dB/decと，周波数が10 MHzでの利得をdBで求めよ。

(2)(1)で決定したパラメータを用いて，ゼロを加えた伝達関数

$H_2(s) = K\dfrac{1 + \dfrac{s}{\omega_z}}{\left(1 + \dfrac{s}{\omega_{p1}}\right)\left(1 + \dfrac{s}{\omega_{p2}}\right)}$ の利得と位相を，骨格ボード図を用いて示

せ。ただし，$\omega_z = 2\pi f_z = 2\pi \times 1 \times 10^8$ rad とする。

本章のまとめ

・デシベル表示：利得の単位にデシベル（dB）を用いることで周波数や利得を，桁が違う広い範囲にわたって俯瞰することができるほか，回路の縦続接続における特性をそれぞれの伝達関数のデシベル表示の加算で求めることができる。

・ボード図：周波数特性を，ゼロおよびポールから虚軸上の角周波数$j\omega$までの利得と位相に分け，利得はデシベル表示によるゼロからの利得の加算とポールからの利得の減算で表し，位相はゼロからの位相の加算とポールからの位相の減算で表したものがボード図（ボーデ図）である。

・骨格ボード図：利得は，ゼロの場合はゼロ角周波数より低い場合は 0 dB，高い場合は 20 dB/dec の直線で近似し，ポールの場合はポール角周波数より低い場合は 0 dB，高い場合は −20 dB/dec の直線で近似する。位相は，ゼロからの場合はゼロ角周波数の 1/10 以下では 0°，ゼロ角周波数では 45°，ゼロ角周波数の 10 倍以上の場合は 90°の直線で近似する。ポールからの場合はポール角周波数の 1/10 以下では 0°，ポール角周波数では −45°，ポール角周波数の 10 倍以上の場合は −90°の直線で近似する。これを図示したものが骨格ボード図（骨格ボーデ図）である。周波数を用いるときは角周波数を周波数と読み替えればよい。

・ゼロが原点にある場合の骨格ボード図の作成方法：利得と位相は低い方の周波数から骨格ボード図の考え方を適用すればよいが，ゼロが原点にある場合，最初のポール角周波数を見つけて，利得は第 1 ポール角周波数に向かって 20 dB/dec で上昇するような特性にすればよい。位相は第 1 ポール角周波数の 1/10 以下の角周波数で 90°，第 1 ポール角周波数において 45°，第 1 ポール角周波数の 10 倍以上の角周波数で 0°にすればよい。

演習問題の解答

2.1

(a) $\dfrac{1}{R} = \dfrac{1}{R_3} + \dfrac{1}{R_1 + R_2} = \dfrac{R_1 + R_2 + R_3}{R_3 \, (R_1 + R_2)}$

$\therefore \ R = \dfrac{R_3 \, (R_1 + R_2)}{R_1 + R_2 + R_3} = \dfrac{25 \times 30}{55} \approx 13.6 \, \Omega$

(b) $R = R_1 + \dfrac{1}{1/R_2 + 1/R_3} = R_1 + \dfrac{R_2 R_3}{R_2 + R_3} = 10 + \dfrac{20 \times 25}{45} \approx 21.1 \, \Omega$

2.2 図解2.2のように，すべて同一抵抗 R であるので，A端とB端の中間の接続点は等電位であり，AB端間の抵抗はA端側の抵抗の2倍である。A端では回路が対称であるので，抵抗値は $1.5R$ の1/2になる。したがって，全体では $1.5R$ の $15 \, \Omega$ である。

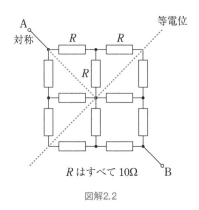

図解2.2

2.3 $40 \, \Omega$ の負荷抵抗を流れる電流は $2 \, \mathrm{A}$ であり，このとき電圧は $120 \, \mathrm{V}$ 降下しているので，内部抵抗は $60 \, \Omega$ となる。したがって，この電源の電圧源および電流源としての等価回路は図解2.3のようになり，$V_o = 200 \, \mathrm{V},\, I_s = 3.3 \, \mathrm{A},\, R_o = 60 \, \Omega$ になる。

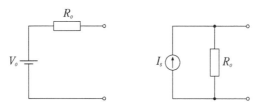

図解2.3

2.4 Aから電源を見た等価回路と，Bから電源を見た等価回路を図解2.4(a)に示す。これをまとめた等価回路は図解2.4(b)になる。流れる電流が0.4AなのでRは26Ωである。電流はBからAに向かって流れる。

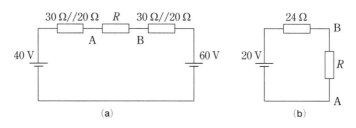

図解2.4

2.5 開放電圧 V_o は $V_o = \dfrac{R_2 V_1 + R_1 V_2}{R_1 + R_2} = \dfrac{0.2 \times 6 + 0.1 \times 5}{0.1 + 0.2} \approx 5.67\,\mathrm{V}$

内部抵抗 R_o は $R_o = \dfrac{R_1 R_2}{R_1 + R_2} = \dfrac{0.1 \times 0.2}{0.1 + 0.2} \approx 0.067\,\Omega$

2.6 $I_1 = \dfrac{V_1}{R_1} = \dfrac{1.5}{0.5} = 3\,\mathrm{A}$, $R_2 = R_1 = 0.5\,\Omega$

2.7 図問2.7の回路は図解2.7に変換できる。ここで

$$R_1 = R_\mathrm{A}//R_\mathrm{B} = \dfrac{R_\mathrm{A} R_\mathrm{B}}{R_\mathrm{A} + R_\mathrm{B}} = \dfrac{30 \times 20}{30 + 20} = 12\,\Omega$$

$$R_2 = R_\mathrm{C}//R_\mathrm{D} = \dfrac{R_\mathrm{C} R_\mathrm{D}}{R_\mathrm{C} + R_\mathrm{D}} = \dfrac{50 \times 50}{50 + 50} = 25\,\Omega$$

$$V_1 = \dfrac{R_\mathrm{B}}{R_\mathrm{A} + R_\mathrm{B}} V_s = \dfrac{20}{30 + 20} \times 100 = 40\,\mathrm{V}$$

$$V_2 = \dfrac{R_D}{R_\mathrm{C} + R_\mathrm{D}} V_s = \dfrac{50}{50 + 50} \times 100 = 50\,\mathrm{V}$$

である。したがって，

$$V_B = V_1 + R_1 I_s = 40 + 12 \times 1 = 52\ \text{V}$$
$$V_D = V_2 - R_2 I_s = 50 - 25 \times 1 = 25\ \text{V}$$

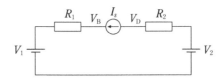

図解2.7

2.8 電圧源 V_0 のみが存在すると仮定した場合の回路を図解2.8(a) に示し，電流源 I_0 のみが存在すると仮定した場合の回路を図解2.8(b) に示す。それぞれの場合の抵抗 R_2 に発生する電圧を V_{x1}, V_{x2} とする。図解2.8(a) の場合，キルヒホッフの電流則より

$$\frac{V_{x1} - V_0}{R_1} + \frac{V_{x1}}{R_2} + \frac{V_{x1}}{R_3 + R_4} = 0$$

$$\therefore V_{x1} = \frac{R_2}{R_1 + R_2 + \dfrac{R_1 R_2}{R_3 + R_4}} V_0 = \frac{10}{5 + 10 + \dfrac{5 \times 10}{2 + 12}} \times 110 \approx 59.2\ \text{V}$$

図解2.8(b) の場合，電流源から電圧源への等価変換により図解2.8(c) となる。よって，キルヒホッフの電流則より

$$\frac{V_{x2} + R_4 I_0}{R_3 + R_4} + \frac{V_{x2}}{R_1} + \frac{V_{x2}}{R_2} = 0$$

$$\therefore V_{x2} = -\frac{R_4 I_0}{(R_3 + R_4)\left(\dfrac{1}{R_1} + \dfrac{1}{R_2} + \dfrac{1}{R_3 + R_4}\right)} = -\frac{R_1 R_2 R_4}{R_1 R_2 + (R_1 + R_2)(R_3 + R_4)} I_0$$

$$= -\frac{5 \times 10 \times 12}{5 \times 10 + 15 \times 14} \times 4 \approx -9.23\ \text{V}$$

となる。したがって，$V_x = V_{x1} + V_{x2} \approx 59.2 - 9.23 \approx 50\ \text{V}$

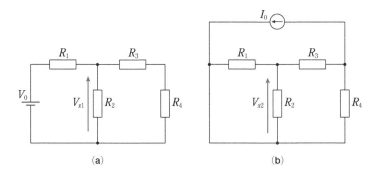

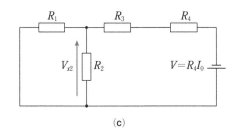

図解2.8

🌱 第3章

3.1　電荷 Q は $Q = I_1 \cdot t = 1 \times 10^{-3} \times 50 \times 10^{-3} = 5 \times 10^{-5}\,\mathrm{C}$

容量に発生する電圧 V_C は $V_C = \dfrac{Q}{C} = \dfrac{5 \times 10^{-5}}{1 \times 10^{-3}} = 5 \times 10^{-2}\,\mathrm{V}$

容量に蓄えられる静電エネルギー W_C は

$$W_C = \frac{1}{2} C V_C^2 = \frac{1}{2} \times 10^{-3} \times (5 \times 10^{-2})^2 = 1.25 \times 10^{-6}\,\mathrm{J}$$

3.2　保存される電荷量 Q_t は

$$Q_t = C_1 V_1 + C_2 V_2 = 1 \times 10^{-6} \times 2 + 2 \times 10^{-6} \times 1 = 4 \times 10^{-6}\,\mathrm{C}$$

電圧 V_C は $V_C = \dfrac{Q_t}{C_1 + C_2} = \dfrac{4 \times 10^{-6}}{3 \times 10^{-6}} = 1.33\,\mathrm{V}$

容量 C_1 から C_2 に移動した電荷 ΔQ は

$\Delta Q = C_1 \Delta V = 1 \times 10^{-6} \times (2 - 1.33) = 6.7 \times 10^{-7}\,\mathrm{C}$

失われたエネルギー ΔW_C は

$$\Delta W_C = \frac{1}{2} \frac{C_1 C_2}{C_1 + C_2} (V_1 - V_2)^2 = \frac{1}{2} \frac{2 \times 10^{-12}}{3 \times 10^{-6}} \times 1^2 = 3.33 \times 10^{-7} \, \text{J}$$

3.3
(1) ノード N に蓄積される電荷 Q は $Q = 2CV_0$
(2) 電荷保存則より

$$C(V_N + V_1) + CV_N = 2CV_0$$
$$\therefore V_N = V_0 - \frac{V_1}{2}$$

3.4

(1) n 回目の V_C の電圧 $V_C(n)$ は $V_C(n) = \dfrac{C_1 V_s + C_2 V_C(n-1)}{C_1 + C_2}$

したがって，$V_s - V_C(n) = \dfrac{C_2}{C_1 + C_2}\{V_s - V_C(n-1)\}$

これより $\dfrac{V_s - V_C(n)}{V_s - V_C(n-1)} = \dfrac{C_2}{C_1 + C_2}$

したがって $V_C(n) = V_s \left\{ 1 - \left(\dfrac{C_2}{C_1 + C_2} \right)^n \right\}$

(2) $\left(\dfrac{C_2}{C_1 + C_2} \right)^n = (0.8)^n = 0.01$ であるので，$n = \dfrac{\log 0.01}{\log 0.8} \approx 21$

(3) $V_C(n) = V_s \{ 1 - (0.8)^n \}$ より，$n = \infty$ のとき $V_{sat} = V_s$

(4) 電圧源 V_s で消費されるエネルギー W_D は

$$W_D(n) = V_s \cdot \Delta Q = V_s C_1 \{ V_s - V_C(n) \} = V_s^2 C_1 \left(\frac{C_2}{C_1 + C_2} \right)^n$$

したがって，スイッチが動作するごとに加算されるので，合計の W_D は

$$W_D = V_s^2 C_1 \sum_{n=0}^{\infty} \left(\frac{C_2}{C_1 + C_2} \right)^n$$

で表される。$1 + \alpha + \alpha^2 + \cdots + \alpha^n = \dfrac{1 - \alpha^n}{1 - \alpha} \bigg|_{n = \infty} = \dfrac{1}{1 - \alpha}$ であるので，

$$W_D = V_s^2 C_1 \frac{1}{1 - \dfrac{C_2}{C_1 + C_2}} = V_s^2 (C_1 + C_2)$$

となり，容量 $C_1 + C_2$ を充電するときと変わらないエネルギーを消費する。
容量 C_1，C_2 全体で蓄積された全エネルギー W_C は以下となる。

$$W_C = \frac{1}{2} V_s^2 (C_1 + C_2)$$

3.5　インダクタ L_1 を流れる電流 I_L は

$$I_L = \frac{V_1 \cdot t}{L_1} = \frac{1 \times 50 \times 10^{-3}}{1 \times 10^{-3}} = 50\,\text{A}$$

磁束 Φ_m は $\Phi_m = L_1 I_L = 1 \times 10^{-3} \times 50 = 5 \times 10^{-2}\,\text{Wb}$
蓄えられている磁気エネルギー W_L は

$$W_L = \frac{1}{2} L_1 I_L^2 = \frac{1}{2} \times 1 \times 10^{-3} \times 50^2 = 1.25\,\text{J}$$

3.6

(1) 電流 I_1, I_2 は $I_1 = \dfrac{V_0}{R_1} = \dfrac{10}{10} = 1\,\text{A}$,　$I_2 = \dfrac{V_0}{R_2} = \dfrac{10}{20} = 0.5\,\text{A}$

磁束 Φ_{m1}, Φ_{m2} は

$\Phi_{m1} = L_1 I_1 = 3 \times 10^{-6} \times 1 = 3\,\mu\text{Wb}$　$\Phi_{m2} = L_2 I_2 = 2 \times 10^{-6} \times 0.5 = 1\,\mu\text{Wb}$

(2) 鎖交磁束保存則から決まる電流 I' は

$$I' = \frac{L_1 I_1 - L_2 I_2}{L_1 + L_2} = \frac{3 \times 10^{-6} \times 1 - 2 \times 10^{-6} \times 0.5}{5 \times 10^{-6}} = 0.4\,\text{A}$$

3.7

(1) $I = C\dfrac{dV}{dt}$, $V = \dfrac{1}{C}\displaystyle\int I dt$

(2) $V = L\dfrac{dI}{dt}$, $I = \dfrac{1}{L}\displaystyle\int V dt$

(3) $W_C = \dfrac{1}{2} C V^2$

(4) $W_L = \dfrac{1}{2} L I^2$

🔌 第4章

4.1

(1) 電圧は $V(t) = V_0 e^{-\frac{t}{\tau}}$

(2) 時定数 τ は $\tau = RC = 2 \times 10^3 \times 1 \times 10^{-6} = 2 \times 10^{-3} = 2\,\text{ms}$

(3) 電圧が初期電圧の1/10になる時間 t は，$e^{-\frac{t}{\tau}} = 0.1$ より対数をとって $t = 2.3\tau$，したがって 4.6 ms

4.2　インダクタを流れる電流 I_L とインダクタの電圧 V_L はそれぞれ

$$I_L = -I_0 e^{-\frac{t}{\tau}} = -\frac{V_0}{R_0} e^{-\frac{t}{\tau}} = -\frac{10}{20} e^{-\frac{t}{\tau}} = -0.5 e^{-\frac{t}{\tau}}$$

$$V_L = RI_L = -V_0 \frac{R}{R_0} e^{-\frac{t}{\tau}} = -10 \times \frac{1 \times 10^3}{20} e^{-\frac{t}{\tau}} = -500 e^{-\frac{t}{\tau}}$$

$$\tau = \frac{L}{R} = \frac{5 \times 10^{-6}}{1 \times 10^3} = 5 \times 10^{-9}\,\mathrm{s}$$

4.3

(1) $I(t) = -C\dfrac{dV(t)}{dt}$

(2) $I(t) = \dfrac{1}{L}\displaystyle\int V(t)\,dt$

(3) $-C\dfrac{dV(t)}{dt} = \dfrac{1}{L}\displaystyle\int V(t)\,dt$ であるので，両辺を微分して $-\dfrac{d^2 V(t)}{dt^2} = \dfrac{1}{LC} V(t)$

(4) $\dfrac{dV(t)}{dt} = -\omega A \sin \omega t, \quad \dfrac{d^2 V(t)}{dt^2} = -\omega^2 A \cos \omega t$ より，

$$\omega^2 A \cos \omega t = \frac{1}{LC} A \cos \omega t$$

$$\omega = \frac{1}{\sqrt{LC}}$$

となる。$t = 0$ のときに $V(0) = V_0$。したがって，$A = V_0$ であるので $V(t) = V_0 \cos \omega t$

(5) $I(t) = -C\dfrac{dV(t)}{dt} = C\omega V_0 \sin \omega t = \sqrt{\dfrac{C}{L}} V_0 \sin \omega t$

(6) 静電エネルギー W_C と磁気エネルギー W_L は

$$W_C = \frac{1}{2} CV^2 = \frac{1}{2} CV_0^2 \cos^2 \omega t$$

$$W_L = \frac{1}{2} LI^2 = \frac{1}{2} CV_0^2 \sin^2 \omega t$$

(7) $W_C + W_L = \dfrac{1}{2} CV_0^2$

4.4

(1) $\omega = \dfrac{1}{\sqrt{LC}} = \sqrt{10^{17}}$ より，$f = \dfrac{\omega}{2\pi} = 50.4\,\mathrm{MHz}$

(2) $R < \dfrac{1}{2}\sqrt{\dfrac{L}{C}}$ のときは振動は発生しない。この式に値を代入し，$R = 15.8\,\Omega$ 未満と求まる。

4.5

(1) $\dfrac{e^{j\omega t} + e^{-j\omega t}}{2}$

(2) $\dfrac{e^{j\omega t} - e^{-j\omega t}}{2j}$

(3) $\cos\omega t + j\sin\omega t$

🌣 第 5 章

5.1

(1) $\dfrac{1}{s+\alpha} - \dfrac{2}{s} = -\dfrac{s+2\alpha}{s(s+\alpha)}$

(2) $\dfrac{1}{s+\alpha} - \dfrac{\alpha}{(s+\alpha)^2} = \dfrac{s}{(s+\alpha)^2}$

(3) $\dfrac{5}{s+5} - \dfrac{10}{s+10} = -\dfrac{5s}{(s+5)(s+10)}$

(4) $\dfrac{1}{s} + \dfrac{2}{s^2+4} - \dfrac{s}{s^2+4} = \dfrac{2(s+2)}{s(s^2+4)}$

5.2

(1) $y(t) = K_1 e^{-t} + K_2 e^{-4t}$

$K_1 = (s+1)F(s)\,|_{s=-1} = 1$

$K_2 = (s+4)F(s)\,|_{s=-4} = 1$

したがって，$y(t) = e^{-t} + e^{-4t}$

(2) $F(s) = \dfrac{K_1}{s-2} + \dfrac{K_2}{s-1-j} + \dfrac{\overline{K}_2}{s-1+j}$

したがって，$y(t) = K_1 e^{2t} + K_2 e^{(1+j)t} + \overline{K}_2 e^{(1-j)t}$

$K_1 = (s-2)F(s)\,|_{s=2} = \dfrac{1}{2}$

$K_2 = (s-1-j)F(s)\,|_{s=1+j} = -\dfrac{1}{2(1+j)}$

$\overline{K}_2 = (s-1+j)F(s)\,|_{s=1-j} = -\dfrac{1}{2(1-j)}$

これより

$y(t) = \dfrac{1}{2}e^{2t} - \dfrac{1}{2(1+j)}e^{(1+j)t} - \dfrac{1}{2(1-j)}e^{(1-j)t} = \dfrac{1}{2}e^{2t} - \dfrac{1}{2}e^t(\cos t + \sin t)$

(3) $F(s) = \dfrac{s-1}{s^2+7s} = \dfrac{s-1}{s(s+7)}$

$y(t) = K_1 + K_2 e^{-7t}$

$y(t) = -\dfrac{1}{7}\left(1 - 8e^{-7t}\right)$

(4) e^{-5s} は $t=5$ の時間遅延を表す。$\dfrac{2s}{(s+1)(s+3)}$ より，時間遅延のないときの時間関数は

$y(t) = K_1 e^{-t} + K_2 e^{-3t}$

K_1, K_2 を算出して，$y(t) = -e^{-t} + 3e^{-3t}$

最後に時間遅延の効果を入れて，$y(t) = -e^{-(t-5)} + 3e^{-3(t-5)}$

5.3

(1) $sF(s) - y(0) + 20F(s) = 0$ の式に $y(0) = 5$ を代入して，$F(s)(s+20) = 5$

これより $F(s) = \dfrac{5}{s+20}$ となる。したがってラプラス逆変換を行い $y(t) = 5e^{-20t}$

(2) $s^2 F(s) - sy(0) - y'(0) + 20(sF(s) - y(0)) + 75F(s) = 0$ の式に $y(0) = 10, y'(0) = 0$ を代

入して，$F(s) = 10 \cdot \dfrac{s+20}{s^2 + 20s + 75} = 10 \cdot \dfrac{s+20}{(s+5)(s+15)}$

したがって，$y(t) = K_1 e^{-5t} + K_2 e^{-15t}$, $K_1 = 15$, $K_2 = -5$

これより，$y(t) = 15e^{-5t} - 5e^{-15t}$

5.4

(1) $Y(s) = \dfrac{8}{s(s+4)} = \dfrac{2}{s} - \dfrac{2}{s+4}$ $\quad \therefore y(t) = 2(1 - e^{-4t})u(t)$

(2) $Y(s) = \dfrac{8}{s^2(s+4)} = -\dfrac{0.5}{s} + \dfrac{2}{s^2} + \dfrac{0.5}{s+4}$ $\quad \therefore y(t) = \{-0.5(1 - e^{-4t}) + 2t\}u(t)$

(3) $Y(s) = \dfrac{32}{(s^2+4)(s+4)} = -\dfrac{8}{5} \cdot \dfrac{s}{s^2+4} + \dfrac{16}{5} \cdot \dfrac{2}{s^2+4} + \dfrac{8}{5} \cdot \dfrac{1}{s+4}$

$\therefore y(t) = \left\{-\dfrac{8}{5}\cos 2t + \dfrac{16}{5}\sin 2t + \dfrac{8}{5}e^{-4t}\right\}u(t)$

5.5

(1) $f(0) = \lim_{s \to \infty} sF(s) = \lim_{s \to \infty}\left\{\dfrac{s+3}{(s+1)(s+2)}\right\} = 0$

$f(\infty) = \lim_{s \to 0} sF(s) = \lim_{s \to 0}\left\{\dfrac{s+3}{(s+1)(s+2)}\right\} = 1.5$

(2) $f(0) = \lim_{s \to \infty} sF(s) = \lim_{s \to \infty}\left\{2\dfrac{s^3 + 5s^2 + 6s}{(s+2)(s+6)(s+12)}\right\} = 2$

$f(\infty) = \lim_{s \to 0} sF(s) = \lim_{s \to 0}\left\{2\dfrac{s^3 + 5s^2 + 6s}{(s+2)(s+6)(s+12)}\right\} = 0$

🎙 第6章

6.1 図解6.1に初期電荷を考慮したときのs領域での等価回路を示す。キルヒホッフの電流則より $V_C(s)\left(\dfrac{1}{R} + s(C_1 + C_2)\right) = C_1 V_0$

したがって，$V_C(s) = \dfrac{C_1 V_0}{C_1 + C_2} \dfrac{1}{s + \dfrac{1}{R(C_1 + C_2)}}$

これより，$V_C(t) = \dfrac{C_1 V_0}{C_1 + C_2} e^{-\frac{t}{\tau}}, \quad \tau = R(C_1 + C_2)$

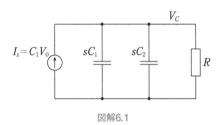

図解6.1

6.2

(1) $I_0 = \dfrac{V_s}{R_C}$

(2) 図解6.2に示す。

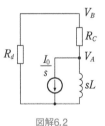

図解6.2

(3) $V_A\left(\dfrac{1}{sL} + \dfrac{1}{R_C + R_d}\right) + \dfrac{I_0}{s} = 0$

これより，$V_A(s) = -\dfrac{I_0(R_C + R_d)}{s + \dfrac{R_C + R_d}{L}}$

したがって，$V_A(t) = -I_0(R_C + R_d) e^{-\frac{R_C + R_d}{L}t}$

(4) $V_B(t) = \dfrac{R_d}{R_C + R_d} V_A(t) = -I_0 R_d e^{-\frac{R_C + R_d}{L}t}$

$t = 0$において，$V_{B\text{-}max} = -I_0 R_d$

(5) トランジスタが壊れないためには，$V_s - V_{B\text{-}max} = V_s + I_0 R_d < 80\,\mathrm{V}$が必要。よって，$I_0 R_d < 50\,\mathrm{V}$にする必要がある。$I_0 = V_s/R_C = 30/6 = 5\,\mathrm{A}$であるため，$R_d < 10\,\Omega$にすればよい。

6.3

(1) スイッチ SW を閉じて十分な定常状態に達した後，$t = 0$でスイッチ SW を開いた後の等価回路を図解6.3(a) に示す。

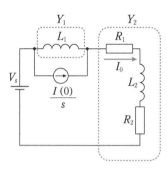

図解6.3(a)

流れる電流 I_o を電圧 V_s のみによる電流 I_{o1} と，電流源 $\dfrac{I(0)}{s}$ のみによる電流 I_{o2} を重ね合わせたものとする。電圧 V_s による電流 I_{o1} は電圧 V_s がステップ的に印加されたものとして，

$$I_{o1}(s) = \dfrac{V_s}{s} \cdot \dfrac{1}{s(L_1 + L_2) + R_1 + R_2} = \dfrac{V_s}{L_1 + L_2} \cdot \dfrac{1}{s\left(s + \dfrac{1}{\tau}\right)}, \quad \tau = \dfrac{L_1 + L_2}{R_1 + R_2}$$

したがって，$I_{o1}(t) = K_1 - K_2 e^{-\frac{t}{\tau}}$，$K_1 = \dfrac{V_s}{R_1 + R_2}$，$K_2 = -K_1$

これより，$I_{o1}(t) = \dfrac{V_s}{R_1 + R_2}\left(1 - e^{-\frac{t}{\tau}}\right)$

次に I_{o2} を求める。電流源の負荷アドミッタンスは Y_1 と Y_2 が加算されたものであり，電流 I_{o2} はアドミッタンス Y_2 を流れる電流であるので，

$$I_{o2}(s) = \dfrac{I(0)}{s} \cdot \dfrac{Y_2}{Y_1 + Y_2}, \quad I(0) = \dfrac{V_s}{R_1}, \quad Y_1 = \dfrac{1}{sL_1}, \quad Y_2 = \dfrac{1}{R_1 + R_2 + sL_2}$$

よって，$I_{o2}(s) = \dfrac{V_s}{sR_1} \cdot \dfrac{sL_1}{s(L_1 + L_2) + R_1 + R_2} = \dfrac{V_s}{R_1} \dfrac{L_1}{L_1 + L_2} \dfrac{1}{s + \dfrac{1}{\tau}}$

したがって, $I_{o2}(t) = \dfrac{V_s}{R_1}\dfrac{L_1}{L_1+L_2}e^{-\frac{t}{\tau}}$

電流 I_o は $I_o(t) = I_{o1}(t) + I_{o2}(t) = \dfrac{V_s}{R_1+R_2}\left(1-e^{-\frac{t}{\tau}}\right)+\dfrac{V_s}{R_1}\dfrac{L_1}{L_1+L_2}e^{-\frac{t}{\tau}}$

スイッチを開いた瞬間の電流 $I_o|_{t=0}$ は $I_o|_{t=0} = \dfrac{V_s}{R_1}\dfrac{L_1}{L_1+L_2}$

スイッチを開いてから定常状態に達した電流 $I_o|_{t=\infty}$ は $I_o|_{t=\infty} = \dfrac{V_s}{R_1+R_2}$

(2) スイッチを開いてから十分な定常状態に達した後, $t=0$ でスイッチを閉じた後の等価回路を図解6.3(b) に示す。

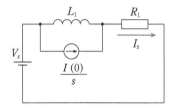

図解6.3(b)

電圧 V_s による電流を I_{s1}, 電流源 $\dfrac{I(0)}{s}$ による電流を I_{s2} とする。

$I_{s1}(s) = \dfrac{V_s}{s}\cdot\dfrac{1}{sL_1+R_1} = \dfrac{V_s}{L_1}\cdot\dfrac{1}{s\left(s+\dfrac{1}{\tau}\right)}$

したがって $I_{s1}(t) = K_1 + K_2 e^{-\frac{t}{\tau}},\ \tau = \dfrac{L_1}{R_1}$

$K_1 = -K_2 = \dfrac{V_s}{R_1}$ なので $I_{s1}(t) = \dfrac{V_s}{R_1}\left(1-e^{-\frac{t}{\tau}}\right)$

$I_{s2}(s) = \dfrac{I(0)}{s}\dfrac{sL_1}{sL_1+R_1} = \dfrac{V_s}{R_1+R_2}\cdot\dfrac{1}{s+\dfrac{1}{\tau}}$

したがって, $I_{s2}(t) = \dfrac{V_s}{R_1+R_2}e^{-\frac{t}{\tau}}$

これより $I_s(t) = \dfrac{V_s}{R_1}\left(1-e^{-\frac{t}{\tau}}\right)+\dfrac{V_s}{R_1+R_2}e^{-\frac{t}{\tau}}$ と求められる。

スイッチを閉じた瞬間の電流は $t = 0$ とおいて，$I_s(t) = \dfrac{V_s}{R_1 + R_2}$

十分長い時間が経ち定常状態に達した後は，$I_s(t) = \dfrac{V_s}{R_1}$

6.4

(1) 図解6.4(a) に初期値を考慮したラプラス表記の等価回路を示す。ここでコンダクタンス G は

$G = \dfrac{1}{R} = \dfrac{1}{R_1 + R_2}$ ，$I_0 = \dfrac{V_0}{R_2}\dfrac{1}{s}$ である。アドミッタンス $Y(s)$ を用いると，

$$V_C(s)\left(G + sC + \dfrac{1}{sL}\right) = -\dfrac{V_0}{R_2}\dfrac{1}{s}$$

したがって，$V_C(s) = -\dfrac{V_0}{CR_2}\dfrac{1}{s^2 + \dfrac{G}{C}s + \dfrac{1}{LC}}$

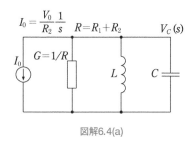

図解6.4(a)

(2) ポール p_1, p_2 は

$$p_1, p_2 = \dfrac{-G \pm \sqrt{G^2 - 4\dfrac{C}{L}}}{2C}$$

(3) 振動波形になる条件は $\sqrt{\dfrac{C}{L}} > \dfrac{G}{2}$

(4) 数値を代入すると　$p_1, p_2 = -1 \pm 2j$，$I_0 = 8$

したがって，$V(s) = -\dfrac{8}{(s - p_1)(s - p_2)} = \dfrac{K_1}{s - p_1} + \dfrac{K_2}{s - p_2}$

$K_1 = \dfrac{-8}{p_1 - p_2} = -\dfrac{2}{j}$，$K_2 = \dfrac{2}{j}$

したがって　$V_C(t) = -\dfrac{2}{j}e^{(-1+2j)t} + \dfrac{2}{j}e^{(-1-2j)t} = -2e^{-t}\left(\dfrac{e^{2jt} - e^{-2jt}}{j}\right) = -4e^{-t}\sin 2t$

図解6.4(b) に波形を示す。

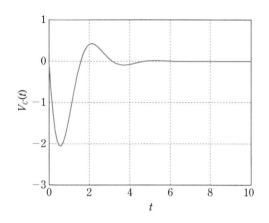

図解6.4(b)

(5) ダンピングファクターは $\zeta = \dfrac{1}{2(R_1 + R_2)}\sqrt{\dfrac{L}{C}}$ である。これに値を代入すると $\zeta = 0.45$ となる。

🔌 第7章

7.1 $1\angle -90°$, $\sqrt{2}\,\angle 45°$, $2\angle 60°$, $5\angle 53.1°$

7.2 インダクタのインピーダンス Z_L と容量のインピーダンス Z_C は

$$Z_L = j\omega L = j160\ \Omega, \quad Z_C = \dfrac{1}{j\omega C} = -j40\ \Omega$$

また，全体のインピーダンス Z は

$$Z = R + Z_L + Z_C = 90 + j120 = 150\angle 53.1°\ \Omega$$

したがって，電流 I は $I = \dfrac{750\angle 30°}{150\angle 53.1°} = 5\angle -23.1°$

図解7.2 に等価回路を示す。

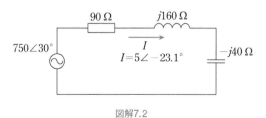

図解7.2

247

7.3 インピーダンス Z は，周波数 100 Hz で $Z = 10 - j10 \, \Omega$，周波数 200 Hz で $Z = 10 + j20 \, \Omega$ 周波数に無関係に実部が一定であるので回路は $10 \, \Omega$ の直列抵抗を持つ。また虚部は正負をとるから L と C を持つ。低周波で容量性，高周波で誘導性であるので回路は直列回路である。したがって

$$Z = R + j\left(\omega L - \frac{1}{\omega C}\right)$$

$$200\pi L - \frac{1}{200\pi C} = -10, \quad 400\pi L - \frac{1}{400\pi C} = 20$$

これより，$L = 26.5$ mH，$C = 59.7 \, \mu$F が求まる。回路を図解7.3に示す。

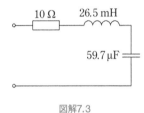

図解7.3

7.4

$$
\begin{aligned}
I &= \frac{V_s}{j\omega L_1 + \dfrac{R_1\,(R_2 + j\omega L_2)}{R_1 + R_2 + j\omega L_2}} \times \frac{R_1}{R_1 + R_2 + j\omega L_2} \\
&= \frac{V_s R_1}{(R_1 R_2 - \omega^2 L_1 L_2) + j\omega\,(L_1 R_1 + L_1 R_2 + R_1 L_2)}
\end{aligned}
$$

であるので，求める条件は $R_1 R_2 = \omega^2 L_1 L_2$ である。

7.5

(1) $\cos\phi = \dfrac{R_L}{\sqrt{R_L^2 + X_L^2}} = 0.6$

(2) $V_L = \dfrac{R_L + jX_L}{R_s + R_L + jX_L}V_s = \dfrac{3 + j4}{4 + j4} \times 100 = \dfrac{5\angle 53.1°}{4\sqrt{2}\ \angle 45°} \times 100 = 88.4\angle 8.1°$

また $P = |I|^2 R_L = \dfrac{|V_s|^2}{(R_s + R_L)^2 + X_L^2}R_L = 46.9$ W

(3) $C = \dfrac{X_L}{\omega\left(R_L^2 + X_L^2\right)} = 25.5 \, \mu$F

(4) 進相コンデンサを入れたときの端子 1-1′ から見たインピーダンス Z は

$$Z = \frac{R_L^2 + X_L^2}{R_L} = 167 \, \Omega \quad \therefore \ V_L = \frac{ZV_s}{R_s + Z} = 89.3 \text{V}, \ P = \frac{V_L^2}{Z} = 47.8 \text{ W}$$

7.6

(1) 端子 a-b 間のインピーダンス Z は

$$Z = j\omega L + \cfrac{1}{j\omega C + \cfrac{1}{R}} = j\omega L + \frac{R}{1 + j\omega RC} = j\omega L + \frac{R(1 - j\omega RC)}{1 + (\omega RC)^2}$$

力率100% にするためには虚数部が0であればよいので，$\omega L - \dfrac{\omega R^2 C}{1 + (\omega RC)^2} = 0$

したがって，$L\{1 + (\omega RC)^2\} - R^2 C = 0$

これは容量 C の方程式として，$(\omega^2 R^2 L)C^2 - R^2 C + L = 0$

したがって，$C = \dfrac{1}{\omega^2 L}\left(1 \pm \sqrt{1 - \left(2\dfrac{\omega L}{R}\right)^2}\right)$

ただし平方根の中が正でなければならないので，$R > 2\omega L$

(2) 端子間のインピーダンスを Z とすると，抵抗に流れる電流 I_R は

$$I_R = \frac{V_s}{Z} \cdot \frac{1}{1 + j\omega RC} = \frac{V_s}{j\omega L + \cfrac{R}{1 + j\omega RC}} \cdot \frac{1}{1 + j\omega RC} = \frac{V_s}{R(1 - \omega^2 LC) + j\omega L}$$

したがって，I_R が R に無関係に一定値になるには $\omega = \dfrac{1}{\sqrt{LC}}$ の条件が必要である。そのときの

電流 I_R は $I_R = \dfrac{V_s}{j\omega L}$ であるが，先の周波数条件を代入して，$I_R = -j\sqrt{\dfrac{C}{L}}\,V_s$ である。

7.7

(1) $V_a = \dfrac{j\omega CR}{1 + j\omega CR}V_s = \dfrac{j\dfrac{\omega}{\omega_p}}{1 + j\dfrac{\omega}{\omega_p}}V_s$，$V_b = \dfrac{1}{1 + j\omega CR}V_s = \dfrac{1}{1 + j\dfrac{\omega}{\omega_p}}V_s$，$\omega_p = \dfrac{1}{RC}$

(2) $V_b - V_a = \dfrac{1 - j\dfrac{\omega}{\omega_p}}{1 + j\dfrac{\omega}{\omega_p}}V_s$

(3) $V_b - V_a$ の振幅は $|V_b - V_a| = \left\{\dfrac{1 + \left(\dfrac{\omega}{\omega_p}\right)^2}{1 + \left(\dfrac{\omega}{\omega_p}\right)^2}\right\}^{0.5}|V_s| = |V_s|$ となり，周波数によらず一定になる。

(4) $V_b - V_a$ の位相は $\phi = -2\tan^{-1}\left(\dfrac{\omega}{\omega_p}\right)$

(5) (4) の結果より $\omega = \omega_p$ のときに $-90°$ となるので，周波数 f は

$$f = \frac{1}{2\pi RC} \approx \frac{1}{6.28 \times 10^4 \times 15.9 \times 10^{-12}} \approx 1\,\mathrm{MHz}$$

7.8

(1) 負荷抵抗 R_L の電圧 V_L は

$$V_L = \frac{j\omega L R_L}{R_S R_L + j\omega L (R_S + R_L)} V_s$$

したがって電力 P_L は，　$P_L = \frac{|V_L|^2}{R_L} = \frac{(\omega L |V_s|)^2 R_L}{(R_S R_L)^2 + \{\omega L (R_S + R_L)\}^2}$

最大の電力をとる R_{L_max} は $\frac{\partial P_L}{\partial R_L} = 0$ より，　$R_{L\_max} = \frac{\omega L R_S}{\sqrt{R_S^2 + (\omega L)^2}} \approx 53.2\,\Omega$

(2) $P_L \approx 17.4\,\mathrm{W}$

(3) 電源から見たアドミッタンス Y_t を求める。

$$Y_t = \frac{R_S R_L^2 + \omega^2 L^2 (R_S + R_L) - j\omega L R_L^2}{(R_S R_L)^2 + \{\omega L (R_S + R_L)\}^2} \approx (7.34 - j1.47)\,\mathrm{mS}$$

これより実効電力 $\overline{P}$ は，　$\overline{P} = |V_s|^2 G \approx 73.4\,\mathrm{W}$

力率は，　$\cos\phi = \cos\left\{\tan^{-1}\left(\frac{B}{G}\right)\right\} \approx 0.98$

🔋 第8章

8.1　リアクタンス X は

$$X = \omega L_1 - \frac{1}{\omega C_1} \,/\!/\, \left(\omega L_2 - \frac{1}{\omega C_2}\right) = \frac{\left(1 - \dfrac{\omega^2}{\omega_1^2}\right)\left(1 - \dfrac{\omega^2}{\omega_3^2}\right)}{\omega\,(C_1 + C_2)\left(1 - \dfrac{\omega^2}{\omega_2^2}\right)}$$

$$\omega_1 = \frac{1}{\sqrt{L_1 C_1}},\ \omega_2 = \frac{1}{\sqrt{(L_1 + L_2)\dfrac{C_1 C_2}{C_1 + C_2}}},\ \omega_3 = \frac{1}{\sqrt{L_2 C_2}}$$

$f_1 = 28.7\,\mathrm{kHz},\ f_2 = 22.2\,\mathrm{kHz},\ f_3 = 17.8\,\mathrm{kHz}$

ω_1 および ω_3 で $X=0$ となる直列共振となり，ω_2 で $X=\infty$ となる並列共振を示す（図解8.1）。

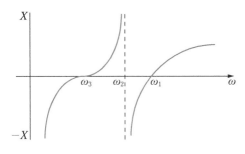

図解8.1

8.2　共振角周波数 ω_0 は $\omega_0 = \dfrac{1}{\sqrt{LC}}$

通過帯域幅 ω_b は $\omega_b = \dfrac{\omega_0}{Q}$, $Q = \omega_0 RC$

これより，$\omega_b = \dfrac{1}{RC}$

したがって，RC を一定に保ちながら L を変化させればよい。

8.3

(1) 共振周波数 $f_0 = \dfrac{1}{2\pi\sqrt{LC}}$ で与えられる。

したがって，$C = \dfrac{1}{(2\pi f_0)^2 L} = \dfrac{1}{(6.28 \times 1 \times 10^9)^2 \times 10 \times 10^{-9}} \approx 2.54 \,\text{pF}$

(2) $Q = \dfrac{\omega_0 L}{R_s} = \dfrac{2\pi \times 1 \times 10^9 \times 10 \times 10^{-9}}{4} = 15.7$

(3) 共振時には並列抵抗 R_p になるので，

$R_p = \dfrac{(2\pi f_0 L)^2}{R_s} = \dfrac{\left(6.28 \times 1 \times 10^9 \times 10 \times 10^{-9}\right)^2}{4} \approx 986\,\Omega$

(4) 信号の通過帯域幅は周波数では $f_b = \dfrac{f_0}{Q} = \dfrac{1 \times 10^9}{15.7} = 63.7\,\text{MHz}$

8.4　この実際の容量の等価回路は，図解8.4に示すように RLC 直列共振回路で表される。抵抗 R は共振周波数でのインピーダンスなので $R = 2\,\Omega$，容量 C はそのインピーダンス Z_C が

$|Z_C| = \dfrac{1}{2\pi f C}$ で表されるので，周波数 $f = 10\,\text{MHz}$ のときのインピーダンスを $16\,\Omega$ として，

$C = \dfrac{1}{2\pi f |Z_C|} \approx \dfrac{1}{6.28 \times 10^7 \times 16} \approx 1\,\text{nF}$ となる。インダクタンス L はインピーダンス Z_L が

$|Z_L| = 2\pi f L$ で表されるので，周波数 $f = 10\,\text{GHz}$ のときのインピーダンスを $200\,\Omega$ として，

$L = \dfrac{|Z_L|}{2\pi f} = \dfrac{200}{6.28 \times 10^{10}} \approx 3.2\,\text{nH}$ となる。

図解8.4

8.5

(1) 問8.4と同様の考えにより，容量 C_1 の等価回路の $R_1 = 0.3\,\Omega$，$C_1 = 1\,\text{nF}$，$L_1 = 3\,\text{nH}$ に，容量 C_2 の等価回路の $R_2 = 0.2\,\Omega$，$C_2 = 100\,\text{pF}$，$L_2 = 1\,\text{nH}$ になる。

(2) 抵抗を無視したときの容量 C_1 と C_2 を接続したときの等価回路を図解 8.5(a) に示す。

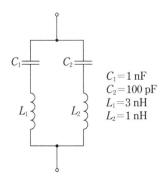

$$C_1 = 1\,\text{nF}$$
$$C_2 = 100\,\text{pF}$$
$$L_1 = 3\,\text{nH}$$
$$L_2 = 1\,\text{nH}$$

図解8.5(a)

なお，インダクタンス L_1 は簡単のため 3 nH とした。回路のリアクタンス X は

$$X = -\frac{(1 - \omega^2 L_1 C_1)(1 - \omega^2 L_2 C_2)}{\omega (C_1 + C_2)\left\{1 - \omega^2 (L_1 + L_2)\dfrac{C_1 C_2}{C_1 + C_2}\right\}} = -\frac{\left(1 - \dfrac{\omega^2}{\omega_1^2}\right)\left(1 - \dfrac{\omega^2}{\omega_2^2}\right)}{\omega (C_1 + C_2)\left\{1 - \dfrac{\omega^2}{\omega_3^2}\right\}}$$

$$\omega_1 = \frac{1}{\sqrt{L_1 C_1}}, \quad \omega_2 = \frac{1}{\sqrt{L_2 C_2}}, \quad \omega_3 = \frac{1}{\sqrt{(L_1 + L_2)\dfrac{C_1 C_2}{C_1 + C_2}}}$$

したがって，容量 C_1 と C_2 を接続したことで，並列共振が出現し，角周波数 ω_3 でインピーダンスが上昇する。各共振周波数は

$$f_1 = \frac{1}{2\pi\sqrt{L_1 C_1}} = \frac{1}{6.28 \times \sqrt{3 \times 10^{-9} \times 1 \times 10^{-9}}} \approx 92.0\,\text{MHz}$$

$$f_2 = \frac{1}{2\pi\sqrt{L_2 C_2}} = \frac{1}{6.28 \times \sqrt{1 \times 10^{-9} \times 1 \times 10^{-10}}} \approx 504\,\text{MHz}$$

$$f_3 = \frac{1}{2\pi\sqrt{(L_1 + L_2)\dfrac{C_1 C_2}{C_1 + C_2}}} \approx 264\,\text{MHz}$$

である。参考までに，容量 C_1 と C_2 を並列接続したときのインピーダンス特性を図解 8.5(b) に示す。このように容量の並列接続においては並列共振の出現によりインピーダンスがかえって高くなることがあるので注意が必要である。

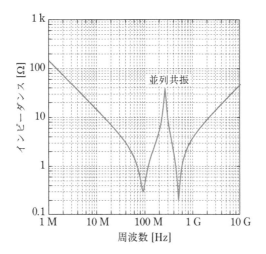

図解8.5(b)

8.6

(1) $Y_{in} = j\omega C + \dfrac{1}{R + j\omega L} = \dfrac{R}{R^2 + \omega^2 L^2} + j\omega \left(C - \dfrac{\omega L}{R^2 + \omega^2 L^2} \right)$

(2) $Y_{in} = \dfrac{1}{1 + Q^2} \dfrac{1}{R} + j \left(\omega C - \dfrac{Q^2}{1 + Q^2} \dfrac{1}{\omega L} \right)$

(3) Y_{in} の虚数成分が0なので，$\omega = \dfrac{Q}{\sqrt{1 + Q^2}} \dfrac{1}{\sqrt{LC}}$

(4) このときのインピーダンスZ_{in}は$Z_{in} = (1 + Q^2)R$であるので，$k = 1 + Q^2$

(5) $k = 10$であるので，Qは3である。

🔖 第9章

9.1 図解9.1の等価回路を用いて合成インピーダンスZ_Tを求める。

$$Z_T = \cfrac{1}{\cfrac{1}{j\omega\,(L_1 \mp M)} + \cfrac{1}{j\omega\,(L_2 \mp M)}} \pm j\omega M = \dfrac{j\omega\,(L_1 \mp M)(L_2 \mp M)}{(L_1 \mp M) + (L_2 \mp M)} \pm j\omega M = j\omega \dfrac{L_1 L_2 - M^2}{L_1 + L_2 \mp 2M}$$

したがって，合成インダクタンスは$L_T = \dfrac{L_1 L_2 - M^2}{L_1 + L_2 \mp 2M}$

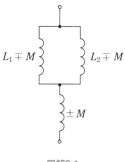

図解9.1

9.2　この回路の等価回路を図解9.2に示す。$I_2 = 0$であるためにはa-b間のインピーダンスが0であればよい。

したがって，　$\omega_0 = \dfrac{1}{\sqrt{MC}}$

入力インピーダンスは，　$Z = j\omega_0(L_1 - M)$

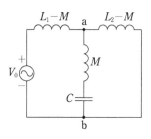

図解9.2

9.3　図問9.3の回路は図解9.3に変換できる。並列接続されたインダクタのインダクタンスをL'とすると$L' = \dfrac{(L_1 - M)(L_2 - M)}{L_1 + L_2 - 2M}$

これに相互インダクタンスMを加えると$L' + M = \dfrac{(L_1 - M)(L_2 - M)}{L_1 + L_2 - 2M} + M = \dfrac{L_1 L_2 - M^2}{L_1 + L_2 - 2M}$

したがって，端子a-b間のインピーダンスZは

$$Z = j\omega\frac{L_1 L_2 - M^2}{L_1 + L_2 - 2M} - j\frac{1}{\omega C}$$

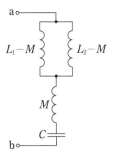

図解9.3

9.4

(1) $L_1 = \dfrac{L_A + L_B}{n^2}, \quad L_2 = L_B, \quad M = \dfrac{L_B}{n}$

したがって，$L_B = L_2 = 4\,\mu\mathrm{H}, \ n = \dfrac{L_B}{M} = 1.6, \ L_A = n^2 L_1 - L_B = 1.12\,\mu\mathrm{H}$

(2) 端子 2-2′ 間から見たアドミッタンス Y は

$$Y = \frac{1}{j\omega L_B} + \frac{1}{j\omega L_A + \dfrac{n^2}{j\omega C}} = \frac{n^2 - \omega^2\,(L_A + L_B)C}{j\omega L_B\,(n^2 - \omega^2 L_A C)}$$

したがってインピーダンス Z は

$$Z = \frac{j\omega L_B\,(n^2 - \omega^2 L_A C)}{n^2 - \omega^2\,(L_A + L_B)C}$$

これより直列共振周波数 f_0 と並列共振周波数 f_∞ は

$$f_0 = \frac{n}{2\pi\sqrt{L_A C}} = \frac{1.6}{6.28 \times \sqrt{1.12 \times 10^{-6} \times 3 \times 10^{-9}}} \approx 4.40\,\mathrm{MHz}$$

$$f_\infty = \frac{n}{2\pi\sqrt{(L_A + L_B)C}} = \frac{1.6}{6.28 \times \sqrt{5.12 \times 10^{-6} \times 3 \times 10^{-9}}} \approx 2.06\,\mathrm{MHz}$$

第10章

10.1

(1) 伝達関数 $H(s)$ は $H(s) = \dfrac{1 + sCR_2}{1 + sC(R_1 + R_2)}$

(2) ポール p とゼロ z は $p = -\dfrac{1}{C(R_1 + R_2)}, \ z = -\dfrac{1}{CR_2}$

(3) ポール角周波数 ω_p とゼロ角周波数 ω_z は $\omega_p = \dfrac{1}{C(R_1 + R_2)}, \ \omega_z = \dfrac{1}{CR_2}$

(4) $f_p = 1/2\pi R_1 C = 10^5$ より，$R_1 = 1/2\pi C f_p = 16\,\mathrm{k\Omega}$

$f_z = 1/2\pi R_2 C = 10^8$ より，$R_2 = 1/2\pi C f_z = 16\,\Omega$

(5) 利得と位相の骨格ボード図を図解10.1に示す。

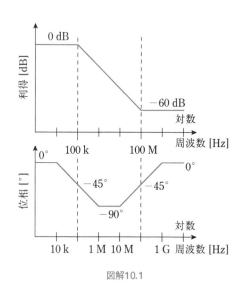

図解10.1

10.2

(1) 伝達関数 $H(s)$ は

$$H(s) = \frac{R_2}{R_1 + R_2} \cdot \frac{1 + sCR_1}{1 + sC\left(\dfrac{R_1 R_2}{R_1 + R_2}\right)}$$

$R_1 \gg R_2$ なので

$$H(s) \approx \frac{R_2}{R_1} \cdot \frac{1 + sCR_1}{1 + sCR_2} \quad \text{と近似できる。}$$

(2) ポール p とゼロ z は，$p = -\dfrac{1}{CR_2}$，$z = -\dfrac{1}{CR_1}$

(3) ポール角周波数 ω_p とゼロ角周波数 ω_z は，$\omega_p = \dfrac{1}{CR_2}$，$\omega_z = \dfrac{1}{CR_1}$

(4) ポール角周波数より $C = \dfrac{1}{\omega_p R_2} = \dfrac{1}{2\pi \times 10 \times 10^6 \times 1 \times 10^3} \approx 15.9\,\mathrm{pF}$

R_1 は利得もしくはゼロ角周波数から求められ，利得から求める場合は

$$\frac{R_1}{R_2} = 100$$

$$\therefore R_1 = 100 \times R_2 = 100\,\mathrm{k\Omega}$$

ゼロ角周波数から求める場合は

$$R_1 = \frac{1}{\omega_z C} = \frac{1}{2\pi \times 100 \times 10^3 \times 15.9 \times 10^{-12}} \approx 100\,\mathrm{k\Omega}$$

(5) 位相特性を図解10.2に示す。

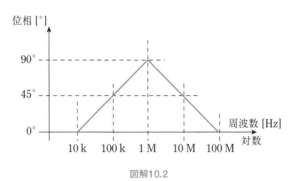

図解10.2

10.3

(1) 位相が $-135°$ になる周波数は f_{p2} に等しい。f_{p2} より低い周波数では利得は $-20\,\mathrm{dB/dec}$ で減少

するので，$f_{p1} = \dfrac{f_{p2}}{K} = \dfrac{1 \times 10^6}{1000} = 1\,\mathrm{kHz}$

また，周波数が $1\,\mathrm{MHz}$ 以上では利得は $-40\,\mathrm{dB/dec}$ になり，周波数 $10\,\mathrm{MHz}$ のときの利得は約 $-40\,\mathrm{dB}$ になる。図解10.3に利得と位相の周波数特性を示す。

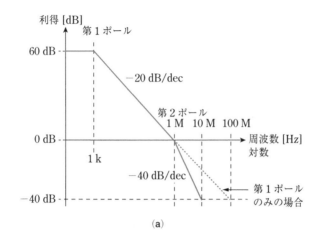

(a)

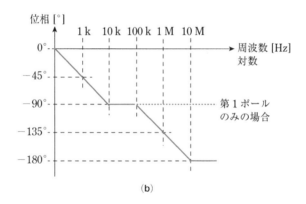

(b)

図解10.3

(2) 図解10.4に利得と位相の周波数特性を示す。

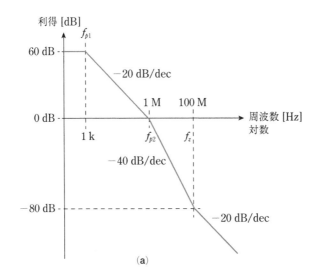

(a)

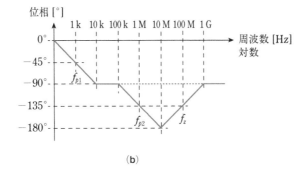

(b)

図解10.4

参考文献

・M. E. Van Valkenburg, *Network Analysis*, Prentice-Hall, 1964

・James W. Nilsson and Suzan A. Riedel, *Electric Circuits*, Pearson International Edition, 2008

・Reinhold Ludwig and Gene Bogdanov, *RF Circuit Design: Theory and Applications*, Pearson International Edition, 2008

・柳沢健，回路理論基礎(電気学会大学講座)，電気学会，1986

・西巻正郎・森武昭・荒井俊彦，電気回路の基礎(第3版)，森北出版，2014

・西巻正郎・下川博文・奥村万規子，続　電気回路の基礎(第3版)，森北出版，2014

・町田東一・小島紀男・高橋宣明・西川清(編)，アナログ・ディジタル伝送回路の基礎，東海大学出版会，1991

・松本聡，工学の基礎　電気磁気学(修訂版)，裳華房，2017

索 引

著者紹介

松澤　昭　博士（工学）
　1978 年　東北大学大学院工学研究科修士課程修了
　同　　年　松下電器産業 入社
　1997 年　東北大学大学院工学研究科博士課程修了
　2003 年　東京工業大学大学院理工学研究科 教授
　2018 年　東京工業大学 名誉教授
　現　　在　株式会社テックイデア 代表取締役社長
　著　書　『はじめてのアナログ電子回路　基本回路編』講談社 (2015)
　　　　　『はじめてのアナログ電子回路　実用回路編』講談社 (2016)

NDC541.1　　　271p　　　21cm

新しい電気回路＜上＞

2021 年 5 月 11 日　第 1 刷発行

著　者　松澤　昭
発行者　髙橋明男
発行所　株式会社　講談社
　　　　〒 112-8001　東京都文京区音羽 2-12-21
　　　　　　販売　(03) 5395-4415
　　　　　　業務　(03) 5395-3615
編　集　株式会社　講談社サイエンティフィク
　　　　代表　堀越俊一
　　　　〒 162-0825　東京都新宿区神楽坂 2-14　ノービィビル
　　　　　　編集　(03) 3235-3701
本文データ製作　株式会社エヌ・オフィス
カバー・表紙印刷　豊国印刷株式会社
本文印刷・製本　株式会社　講談社